今より 全部 良くなりたい
by 敦子スメ

運まで良くするオーガニック美容本

ATSUKO FUKUMOTO
@uoza_26

KOBUNSHA

PROLOGUE

自然の力を借りて、美しく、楽しい人生を生きる。

・・・

　この本を手にとってくださり、ありがとうございます。私は20歳のころ、偶然の流れでオーガニックコスメに出会い、それから20代と30代のこれまでを、自分の好きなものに囲まれながらその良さを人に伝えるという仕事をしてきました。販売員から始まり、コスメキッチンのPR、そして2018年からはフリーのPRと美容コラムニストとして形を変えつつ、いつも好きなものが身近にあり、それを誰かに伝える生活をしてきました。

　オーガニックコスメと触れ合うなかで、いかに自分の調子を整えるかが、自分自身にも、そして周りにも、楽しくて幸せな影響をもたらすということを実感してきました。

　香りものやスキンケア、ボディケアなどのコスメをはじめとして、インナーケアや、フラワーエッセンスなどのマインドケアに至るまで、自然の力を借りて作られたコスメには、自分という小さな枠を超えた、なにか大きな力があると私は信じています。また、オーガニックコスメはヨガや星占いとも関連が深く、学校では教えてくれない秘密が隠されていたり、昔から伝わる知恵を現代の自分の生活にアレンジして使えることが楽しくて、その世界にさらにハマっていきました。

　そうやって自分に知識や経験がたまってきたこのタイミングで、ただ「見た目がきれいになる」「コンプレックスが消える」という目に見えるわかりやすい範囲だけの美容ではなく、その人自身の生活が楽しくなったり、自分の内面とバランスが取れたり…、もっと「自分自身や、自分の人生を好きになり、楽しむ」ための美容を一冊の本にまとめたいと思いました。

　タイトルになっている「今より全部良くなりたい」という言葉は、きっと誰もが持っている希望であり、願いです。

　そんな私たちの願いを、見た目が可愛くワクワクさせてくれる、そして使っていて心地いいオーガニックコスメで叶えていこう！というのがこの一冊でみなさんに提案したいことです。自分自身をケアして、調子を整え、自然の流れに乗って運まで良くなってみませんか？

　この本を最後まで楽しんでくれることを祈っています。

福本敦子

Origin of
#敦子スメ

"本当に思っていることだけ伝える"
〜友達に嘘のおすすめしなくない?〜

・・・

　この本の大きな土台になっていて、私がオーガニックコスメをSNSで紹介するときに付けているハッシュタグが「#敦子スメ」。
　この「#敦子スメ」で自分の思いやおすすめコスメについて書くときに大切にしていることがあります。それは、「自分の思っていることだけを言う」こと。とってもシンプルなのですが、その目的は見てくれる人に誠実に、というのと同時に、なんと言っても自分のために、というのが本当のところ。
　自分の思ってもいないことを言ったりすると、自分が傷つく気がする。だからこそ、自分の思いと考え、そして言葉を一致させることを大切にしてきました。
　それは、普段の人との会話でも、SNSでも「思いを表現する」という意味では同じ。一見小さいことに感じるけれど、その積み重ねがその人の人生を作っているようにも思います。自分の中に小さな違和感を積み上げていくくらいなら、最初から正直でいたほうが良い。自分なりに自分を大切にする方法として、そうしてきました。

Honesty.

Prologue

・・・

　最近になって、その姿勢を褒めてもらうことが増えました。思っていることだけを書くのって、普通のことかと思っていたのでちょっと驚きつつも、やっぱりそれを大事にして良かったと思います。
　「自分はこれが好き！」と思うことを届けたほうが聞いているほうもうれしいし、エネルギーがそのまま届く気がする。SNSでたくさんの人に発信するときだって、友達に「なにかいいものない？」と聞かれたときみたいに、好きなものをそのまま好きって言いたい。
　それを続けているうちに、「あの人のおすすめは信頼できる」と感じてくれる人が増えてきました。携帯の画面を通して、その一歩奥にある気持ちがしっかり見ている人に伝わるんだと、言葉以上のなにかを感じてもらえたように思い、とてもうれしかったです。
　だからこの本で紹介しているアイテムは、全部私が大好きで本当におすすめできるものばかり。ここに載っている「#敦子スメ」との出会いが、人生を良くするきっかけになれば、こんなにうれしいことはありません。

P.002-005　PROLOGUE

P.008-059　CHAPTER **1. BEAUTY**

　　P.012-21　　#敦子スメ ロイヤル
　　P.022-029　 #敦子スメ スタメン
　　P.030-035　 妄想劇場 ライフステージ別美容 by コンシェルジュ敦子
　　P.036-037　 ありがとう♥ 泥コスメ
　　P.038-039　 パーツケア
　　P.040　　　デリケートゾーンケア
　　P.042-043　 一生付き合っていく髪だから
　　P.044-051　 メークは半分儀式です
　　P.052-053　 道具を制するものは美容を制す
　　P.054-055　 メーク・ア・グッド・スマイル
　　P.056-059　 トラブルシューティング

P.060-079　CHAPTER **2. SPIRITUALITY**

　　P.062-071　 解剖しちゃおう#星ちゃんねる
　　P.072-075　 アーユルヴェーダ
　　P.076-079　 フラワーエッセンス

P.080-093　CHAPTER **3. HEALTHY**

　　P.082-083　 身体に良いものを食べることは、
　　　　　　　 車に質の良いガソリンを入れるのと同じ
　　P.084-091　 逆らえない裏ボス・女性ホルモンを整える
　　P.092-093　 身体は動かしてみてはじめて動くって分かる

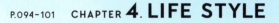

P.094-101	**CHAPTER 4. LIFE STYLE**
P.095	脳の休憩時間・瞑想
P.096-097	睡眠
P.098-099	マインドまで変える、香りもの
P.100-101	美を蓄えるお浄めスポット＝バスルーム

P.102-121	**CHAPTER 5. TRAVEL**
P.104-113	ロサンゼルス
P.114-115	ニューヨーク
P.116-117	ハワイ
P.118-119	パリ／スウェーデン・フィンランド
P.120-121	スリランカ／バリ

P.124-137	**CHAPTER 6. PERSONALITY**
P.138-139	**EPILOGUE**
P.140-141	**SHOP LIST**

CHAPTER

1.

BEAUTY

頭からつま先まで100%美容

One day, I decided that I was beautiful, What matters is what you see.
——Gabourey Sidibe
あるとき私は、自分を美しいと決めたの。あなたがなにを観ているか、それが重要なことなの。
ガボレイ・シディベ（女優）

星の力も植物も。
自然の力を味方につけるORGANIC

• • •

オーガニックコスメがなぜいいか？

　私のなかでの答えは、「ロジックだけじゃない自然のパワーがあるから」。これだけ世の中に化粧品があふれていて、個人がなんでも自由に選べる時代。私がオーガニックのアイテムを選ぶ理由は、「元気になれる」「心地よくいられる」から、というのが一番大きな理由です。例えば、パソコン100台に囲まれるより、樹木100本に囲まれたほうが身体はイキイキと元気になるようなイメージ。

　オーガニックコスメに含まれる自然の力は、その人のライフスタイルや、年齢、性別…、そういうカテゴリーを超えてパワーをくれるところも好き。自然のなかにいるとストレスが軽くなって身体が緩むような、そういう目に見えない「生命力」や「気」みたいなものがあるのがオーガニックコスメのいいところ。

　昔、とてもうれしかったのが、忙しくて夜はもう家に帰ったら寝るだけ、というライフスタイルだった友達から「敦子に言われてお風呂にちゃんと入るようになって、入浴剤とかも入れて。そしたらなんか元気になってきた」と言われたこと。天然の泥や塩、そして植物に触れることできっとストレスも緩和したのだろうし、身体もちゃんと反応してくれたのでしょう。「きれいになる」ことだけじゃなく「健康になる」レベルまで届いてくれるのがオーガニックコスメの素晴らしさです。

　もちろん身の回りのすべてを自然なもので揃える必要はないと思います。自分の好みやライフスタイルに合わせて化粧水だけ、入浴剤だけ、と好きなように、自分が心地いいよう、試したい！と思えるものからチョイスして自分のスタイルを見つけてほしい。私自身、とても敏感な体質で、たまたまナチュラルなものが自分にマッチしていたけど、年齢を重ねるなかで変化するかもしれないし、どのバランスが自分にしっくりくるのか、これからのことはまだわかりません。でもそのほどよいバランスを探すこと自体が、自分の価値観に触れることだったり、自分を知ることにもつながると思います。そのプロセスを楽しんでほしいです。

Love at first sight

私がオーガニックコスメに
出会ったときの話を少し。

・・・

　私がオーガニックコスメに出会ったのは15年ほど前。当時「無添加」という言葉は知られていましたが、日本に「オーガニックコスメ」と呼べるブランドはそこまでたくさんありませんでした。小さいころから敏感な体質だった私は、「自分にはなんとなく"純粋なもの"が合うんだろうな」という感覚はあったものの、がっちりとそれが「オーガニックだ!」とわかっていませんでした。その頃たまたま旅行をしていたNYでWHOLE FOODSのコスメ専門店「WHOLE BODY」(※現在は閉店)に入りました。

　オーガニックコスメのお店ということは全く知らず、たまたま散歩をしていて「なんとなく惹かれる」という理由だけでお店に入ったのですが、その瞬間に人生で初めてオーガニックコスメに360度囲まれるという経験をしました。そのときに「なんだかよくわからないけどすごく元気になるし、自分にとって大事なことが今、起きているぞ」と直感的に思いました。

　夢中になって買い物をして東京に戻ると、当時アルバイトをしていたお店のディレクターから「このお店をオーガニックコスメのお店にしようと思うんだけど、社員にならない?」と言ってもらい、ピンときました。「この流れは、私はここに今いるべきってことなんだ」と、自分のなかでなにかがひとつに繋がりました。これが私のオーガニックコスメとの出会いです。

CHAPTER 1

BEAUTY

目に見えない「生命力」や「気」みたいなものがある

自分の思いに従うことが
一番うまくいく

・・・

出会ってからは、掘れば掘るほど面白いことがでてくるの
がオーガニックコスメの世界。オイルを混ぜるときに、空中
で無限大（∞）のマークを描きながら宇宙のパワーを取り入れ
ているブランドがあったり、クリームを乳化するのは物事が
固まりやすいと言われる、月が地の星座の日というルールを
採用しているブランドがあったり…、製品の作り方ひとつを
とっても、ストーリーがあってとても魅力的なんです。そこ
から、星占い、ヨガ、アーユルヴェーダ、フラワーエッセンス
など、オーガニックコスメから広がる別のジャンルのものにも
触れていきました。そうして少しずつつくられた私の基礎は、
「自分にとって大事なことが今起きている」という直感を信
じたことが始まり。きっとそれはコスメを選ぶときも同じで、
「なんとなくいいな」と思うものがやっぱり一番自分に合っ
ている。直感や、自分の思いに従って、この本から気になる
ものを選んでもらえれば、みなさんも新しいドアがきっと開
けるはずです。

THIS IS THE BEST
#敦子スメ "ロイヤル"

ROYAL

SNSで人気の#敦子スメ ロイヤル

雑誌、SNS、YouTubeで今までご紹介してきたアイテムを、ありがたいことにみなさんが「#敦子スメ」のハッシュタグでたくさんインスタグラムにPOSTしてくれています。そのなかでも、「これぞ！」というまさに"ロイヤル（殿堂）"入りした8アイテムをピックアップ。ヘアケア、スキンケア、ボディケアなどトータルにケアができ、さらにオーガニックコスメの魅力を簡単に、そしてダイレクトに味わえるアイテムばかり。オーガニックコスメビギナーの方でも、「まずはコレだけ押さえておけばOK！」という珠玉のロイヤルファミリーです。ぜひチェックしてみてください！

CHAPTER 1　　　　　　　　　　　　　　　　　　　　　BEAUTY　　ROYAL

"洗う幸せのおまじない"

ピンクのキラキラシャンプー

SHAMPOO & TREATMENT

THE PUBLIC ORGANIC
スーパーポジティブ シャンプー&トリートメント

・・・

口に出さずとも、今の時代にみんなが心の底で感じている「幸せって？」という大きな疑問のヒントを、まさかシャンプーが表現してくれるとは。髪を洗う、という身近な方法で"幸せ"にアプローチするアイデアが新しくてとても好きだし、「化粧品は、みんなをHAPPYにするもの」ということを逆説的に示す、ザ・令和的ヘアケアです。今がどんな状態であっても、脳に直接働きかけ、幸せホルモンはいどうぞ、というような、式を飛ばして直接答えに行っちゃう大胆なコンセプトにも惹かれます。いつも通り髪を洗えば、その行為がちゃんと「小さな幸せ」につながって、セルフケアできるように設計されています。幸せホルモンを運んでくれるこの香りを文章で伝えようとしたときに「ピンクのキラキラシャンプー」というフレーズが生まれました。 気持ちが高まるような、それでいてリラックスできるような、ちょうどいいバランスの香りです。シャンプーやトリートメントとしての機能、泡立ちやしっとり感も満足できるクオリティーなので、家族みんなで使ってほしいです。

ザ パブリック オーガニック ［左］スーパーポジティブシャンプー 500㎖［右］スーパーポジティブトリートメント 500㎖ 各¥1,544（カラーズ）

#敦子スメ"ロイヤル"
ROYAL

明るいふわ肌をつくる

不動人気の「じゅうたんオイル」

ARGITAL
ブライトニング ローズ フェイスオイル
・・・

あれ？ふわふわになった。心なしかもっちりしたような…。そしてキメも整ったような。あ、そういえばフェラーロ博士が、「このオイルは表皮、真皮、皮下組織のバランスを整える」って言ってたなぁ。えーでもさ、一回で実感できるもの？ あ、そうだ、この感想を携帯にメモしておいて、明日の朝もふわふわだったらインスタに書こうかな！ という流れで「じゅうたんオイル」のフレーズが生まれました。ちょうどそのとき買った家のじゅうたんのように、一回の使用で実感できるほどふわっふわな肌になっていたから。商品説明に、ローズが肌に明るさをもたらすって書いてあって、それもどんなもん？と思っていたけど、「本当に明るくなっちゃったよ」と思ったのを覚えています。数あるフェイシャルオイルの中でも、最初のインパクトではこれがダントツ。言葉で説明するよりも、香りやテクスチャー、使ったときの感覚を肌で体感してほしい。浸透も他のオイルに比べて独特な染み渡る感があり、月光を浴びたような感じ。アジア人のために作られたスペシャルオイルです。

アルジタル ブライトニング ローズ フェイスオイル50ml ¥4,300 （石澤研究所）

CHAPTER 1　　　　　　　　　　　　　　　　　BEAUTY　　　ROYAL

"きれいになりたい"すべての人の心を掴んだ幻ブラシ

3

Soaptopia
フェイス&デラックススーパーソフトボディブラシ
・・・

このアイテムがヒットしたということは、「ツルツル肌になりたい」という願望を持った人がそれだけの数いたということ。その思いに応えてくれる職人技が、このブラシには備わっています。職人さんの手でつくられた美しい植毛のブラシ、一度使えばカサカサ→ツルツルの変化に驚くはず。私自身、無類のツール好き。身体を洗うミトンや電動の洗顔ブラシを使ってきましたが、そのすべてを超えてこの2本はすごかった。洗っているときの心地よさはもちろん、洗い終わりの肌を触ると「えっ…?」と小さなショックを受けるほど、ツルツル、すべっとした肌の仕上がりになります。なんだか今日は疲れたな…、そんないろいろなものを洗い流したくなる夜の洗顔タイムにも、フェイスブラシを使ったケアがおすすめ。お尻や二の腕、背中などコンプレックスになりやすいパーツにはボディブラシを。「ちょっと背中のあいた服を着ちゃおうかな」「脚の出るスカートをはいてみようかな」とブラシを使ったあとには冒険心が膨らむ、そんなアイテムです。

[左] ソープトピア フェイスブラシ¥3,800 [右] ソープトピア デラックススーパーソフトボディブラシ¥4,800 (ともにソープトピア新宿フラッグス店)

BODY & FACE BRUSH

#敦子スメ "ロイヤル"
ROYAL

中学生みたいなフレッシュ小鼻をつくる

パウダー状パック&洗顔

product
フェイシャル クレンザー
・・・

こんなに愛されて求められ続けるアイテムってあるんだ！と深く感心させられた一品。いろんな生活スタイルや年齢層の方に求められ続け、応え続けているパウダー状のクレンザー。みんなが気になる「小鼻」問題にフォーカスしたアイテムだから、というのも売れ続ける理由のひとつだけれど、それを超えるビフォーアフター感があるのがこのクレンザーのすごいところ。毛穴の汚れや黒ずみをクリアにするだけではなく、汚れを取った毛穴をぷっくりさせて締めるという、クロージングまでしてくれます。そう、やりっぱなしじゃないんです。成分はカンゾウ根、アルテア根、ローズマリーエキスのみ、とものすごくシンプル。ゆえにハーブの力を感じられる、Less is Moreな一品です。中学生みたいなフレッシュな小鼻、味わってみませんか？ゆるめに溶かして洗顔料にも使えます。【小鼻パックのやり方】①パウダーを適量手に取り、水で固めに溶かす。②固めのペースト状になったクレンザーを貼るようにして小鼻に塗り、乾くまで待つ。③乾いたら水で洗い流す。

ザ・プロダクト フェイシャルクレンザー ¥1,600（KOKOBUY）

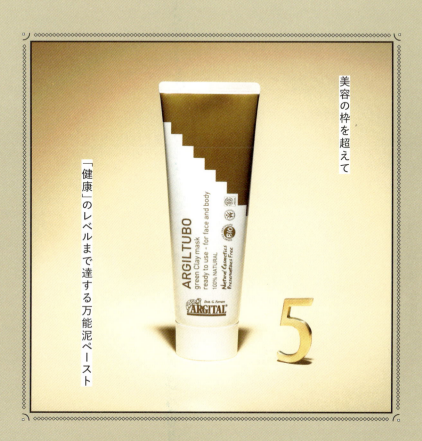

ARGITAL
グリーンクレイペースト
・・・

もはや美容の枠を超えて、健康レベルまで届いてくれる一品。ちょっと日々の調子が悪いときにたまたま友達と海に行って、砂浜を散歩しているときのデトックス感や、モヤモヤしているときに花の香りを嗅いで気持ちがふわっとする癒しの瞬間。そういう断片をギュッと一本のペーストにしたような、あらゆる不調のときに活躍する殿堂入りペースト。シチリアの海泥を使ってつくられたこのアイテムは、創始者のフェラーロ博士の愛に満ちています。クレイの産地である故郷シチリアへの愛、身近な人のケアに役立ってほしいという想い、できるだけ有害物質を出さないようにと設計された環境への愛、などラブでいっぱい。やっぱり、そういうアイテムは多くの人に愛されます。肌の角質を取り、やわらかく保つのはもちろん、脚のむくみのリノレッシュ、日焼け後の肌のクールダウン、心身のデトックス、子宮まわりへのパックでの生理痛の緩和。美容を通り越して「健康を保つ」ところまで響く、オーガニックコスメの核に触れるようなアイテム。年齢・性別を問わずみんなの役に立つって、自然そのものみたい。長く使いたい一品です。

アルジタル グリーンクレイペースト 250㎖ ¥3,600 (石澤研究所)

#敦子スメ"ロイヤル"
―――― ROYAL ――――

WARM SOCKS

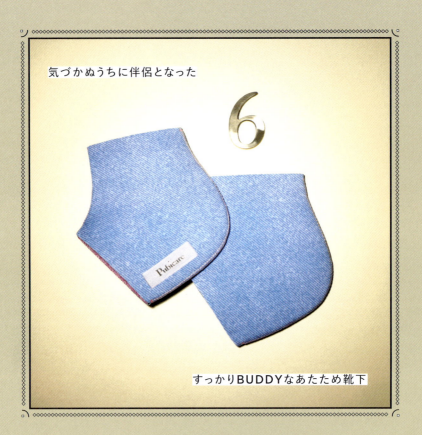

気づかぬうちに伴侶となった

6

すっかりBUDDYなあたため靴下

Pubicare
かかとソックス
・・・

私たち、気がつかないうちにこんなに一緒にいたね…。みたいな、どこかのカップルのような、知らないうちにずっと一緒にいたね的なヘビロテ品・かかとソックス。女性の身体の冷えに着目し、婦人科系のケアで大切な足首まわりをそっとあたためてくれます。履くと「くノ一」のような、忍者感のある愛らしい見た目です。冬はタイツの上から（外出時もブーツに忍ばせながら履いています）、夏は冷房の冷え対策として、そして飛行機の中でも大活躍！旅先でホテルが寒いなんてときにもこれがあれば安心。つま先があいているのでヨガだってOK。ということでいつでもどこでも履いている状態になっていったアイテム。しばらく履けば、脱ぐときは汗をじんわりかいている、ということもしばしば。なによりもあたためてみて改めて「私たちはほんとうは冷えている」と気づかせてくれて、より自分の身体に意識を向けてケアしていきたい、という気持ちに拍車をかけてくれる一品。

ピュビケア デニム柄かかとソックス¥5,000（ピュビケア）

CHAPTER 1 BEAUTY ROYAL

シンプルって、なにもないように見えて、

たくさんあることなんだ

product
ドライシャンプー
・・・

「Simple is the best」「Less is More」って本当によく使われる言葉だなと思っていました。それを言うとカッコいいのかな、と思うくらい有名なフレーズですが、このアイテムを知ってその言葉の本当の意味を理解することができました。①ローズウォーター、②コーン由来のアルコール、③ペパーミントオイル、④ローズマリーエキス。すぐ覚えてしまう4種類のシンプル成分だけで作られたドライシャンプーは、そのシンプルさからルームスプレー、ボディスプレー、肌のクールダウンウォーター、会議室などの気が溜まりやすい場所へのリフレッシュフレグランス、デオドラント、旅先のサニタイザー代わり、男性の頭皮のニオイケアまで万能にこなすマルチウォーターとして活躍してくれます。いろいろな成分を入れすぎよりも、シンプルで最低限、そして品質のよいオーガニック成分を使ったほうが、アイテムに柔軟性が出て、結果的に多用途になるのね…と教えてくれる一品。そして古くからお浄めなどに使われていたハーブ、ペパーミントの香りの心地よさを教えてくれるスプレーでもあります。モヤッ、もしくはペタッとしたらひと吹き、これからの習慣にしたい新定番です。

ザ・プロダクト ドライシャンプー 115mℓ ¥1,500（KOKOBUY）

#敦子スメ "ロイヤル"
ROYAL

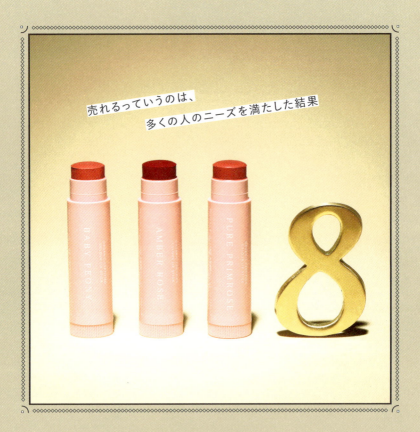

売れるっていうのは、多くの人のニーズを満たした結果

ARGELAN
カラーリップスティック
・・・

化粧品はしゃべれないけど、多くのことを語る。「私はこうです」とは言わないけど、良いものは確実にみんなから愛されて、結果売れる。という法則にきれいにハマったカラーリップ。手頃で、可愛くて、成分もよくて、カジュアルに買えるカラーリップがあったらいいなぁ、という誰かのナイスアイデアが形になって、潜在的にふつふつとそれを思っていた日本の女子たちにそれが届いた。その結果、欲しい！と思ってくれる人がたくさん増えて定番化。うーん、完璧な流れ。今までオーガニックコスメをたくさん見てきたけれど、中身が良くて人を喜ばせるものって、やっぱり人気が出るんです。このアイテムの喜ばせポイントは、100％天然由来成分なのにたったの648円、というコスパの良さだけで終わらないところ。セミマットとか、ツヤとか、質感までチョイスできる日本人らしい芸の細かさまで見せてくれる。さすがメイドインジャパン。海外の友達がきたら自慢したい。コーラルピンク、テラコッタレッド、クリアピンクと、どんな女性像にもマッチしそうな3色展開。ポケットに入れてサッと塗るような、カジュアルに使えるおしゃれリップとして気軽に取り入れたい。

アルジェラン カラーリップスティック［左から］ベビーピオニー・アンバーローズ・ピュアプリムローズ 4g 各¥648（カラーズ）

CHAPTER 1 COLUMN BEAUTY

Thank you!
📷 みんなの #敦子スメ

みんながアップしてくれている #敦子スメ ロイヤル編。たくさんの POST 本当にありがとう！
みなさんの生活が楽しくなっていくことが一番うれしいです。

@uoza_26

01

#敦子スメ"スタメン"

STARTERS

クレンジング＆洗顔

メークを落とすだけじゃなく、プラスで保湿もしてくれて、肌を整えるクレンジング。朝のさわやかなスタートをさらに心地よいものにしてくれたり、夜の自分への「お疲れさまタイム」を、より安らぎのあるリラックスした時間に変えるような、優秀なスタメンをセレクトしました。敏感肌、乾燥肌の方から、余分な油分をさっぱりさせたい方用まで幅広く選定。肌の基礎体力をよりUPさせてくれます。

CHAPTER 1　　　　　　　　　　　　　　　　　　　BEAUTY　　　　　STARTERS

1　リセットクリアージェルオイル
ネロリラ ボタニカ

じんわ～りあたたかいテクスチャーのジェルが、メークだけでなく顔の緊張までもほぐしてくれるクレンジングジェル。温感のある植物とクレイを含んだジェルがやさしく、心地よく肌を解きほぐしてくれます。疲れた夜も、まだ起きたてで目が覚めない朝のファーストアイテムとしても心地よい、じんわりこたつのような安心感のある一品。

ネロリラ ボタニカ リセットクリアージェルオイル 120 g ￥4,200（ビーバイ・イー）

2　ヴェジタル シルキー クリアソープ
アルジタル

皮脂が多く、ニキビができやすい肌、ごわつくけれど肌の内側は乾燥している、といった悩みにおすすめの、毛穴汚れやメラニンなどの古い角質を取り除いて明るい肌を保つ洗顔料。洗い上がりがさっぱりとしていて清涼感があるので朝の洗顔にもおすすめ。グリーンクレイと米ぬかに含まれるフィチン酸も配合されているので、くすみのケアにも最適です。

アルジタル ヴェジタル シルキークリアソープ 250 ㎖ ￥3,400（石澤研究所）

3　リラックスアロマクレンジング クリームラベンダー
アムリターラ

やわらかでまったりとしたテクスチャーのクレンジングミルク。伸びがよく、心地いいのでつい手が伸びてしまいます。一年中どの季節でもしっくりくるのがすごいところ。冬は肌をしっとりと保湿して落ち着かせ、夏は紫外線などのダメージをなめらかに整えます。オーガニックコスメ好きの棚に必ず並んでいる王道アイテムです。

アムリターラ リラックスアロマクレンジングクリームラベンダー 150 g ￥4,200（アムリターラ）

4　シアーナクレンジングミルク
マルティナ

敏感肌の方におすすめな定番中の定番。オーガニックコスメを使いはじめの方に「なにかいいのない？」と聞かれたら必ずこれをすすめます。シアバターがたっぷり含まれ、肌本来のバランスを取り戻すシンプルな成分で、しっかり保湿し肌表面もなめらかに。花粉症で肌が敏感なときにもGOOD。香料・エタノール不使用。

マルティナ シアーナクレンジングミルク 150 ㎖ ￥3,800（おもちゃ箱）

5　ソープ ゼラニウム
ガミラシークレット

ついついスタメンに入れておきたくなる伝説のソープ。男性にも女性にもおすすめしたい、ザ・シンプル&ハイクオリティーな石鹸です。季節による肌の揺らぎやざつきにもおすすめ。このレシピを30年以上かけて完成させたガミラさんには頭が上がりません。おすすめは泡立てネットを使った泡パック。すべすべ感に驚きます。

ガミラシークレット ソープ ゼラニウム 115 g ￥2,300（シービック）

6　クレンジング バーム
トリロジー

秋冬になると思い出す、バームタイプのクレンジング。顔全体に伸ばし、付属のタオルを濡らして拭き取るのですが、デコルテまで伸ばしてマッサージしながら使うのがおすすめ。ローズヒップオイルやココナッツオイルが豊富に含まれ、マスカラやアイブロウなども、油分を与えつつしっかり溶かし落とすことができます。肌の油分補給にも。

トリロジー クレンジング バーム 80㎖ ￥4,700（ビーエス インターナショナル）

CLEANSING & FACE WASHING

#敦子スメ"スタメン"
———— STARTERS

化粧水

畑の土にお水を丁寧にあげるように、化粧水は肥沃な大地の基礎となる水やりをイメージ。肌の奥まで潤わせ、環境のストレスや季節によるダメージを最小限に抑え、乾燥やキメの乱れから肌を守ってくれるものをセレクトしました。みんなの定番アイテムとして棚に並んでいるのがイメージできるような、デキる化粧水5選です。

CHAPTER 1　　　　　　　　　　　　　　　　BEAUTY　　　STARTERS

1　シアーナフェイシャルローション

マルティナ

ずっと信頼しています、これ。水、セイヨウニワトコ花水、ダマスクバラ花水の3種類のシンプルな成分の化粧水。エタノールフリーで、過剰に敏感になった肌にもなじみやすく、安定感をもたらします。本当に必要な保湿「だけ」をしてくれるので、肌本来のバランスを取り戻すのに最適。初めてのオーガニック化粧水としてもおすすめ。

マルティナ シアーナフェイシャルローション 100㎖ ¥3,000（おもちゃ箱）

2　ジュリーク ハイドレーティング ウォーターエッセンス

ジュリーク

肌の内側までしっかり水分をお届け…って、それだけでは終わらない。浸透したあとにもっちりとハリまでもたらす化粧水。その秘密はマシュマロー根エキス。もちもち感を肌に貯め込み、その後キープしてくれるという"持続と粘り"を見せてくれるアイテムです。オーガニックコスメでありながら即効性があり、肌のキメを整えてくれます。

ジュリーク ハイドレーティング ウォーターエッセンス 150㎖ ¥6,900（ジュリーク・ジャパン）

3　エクストラクト ローション リペア

ドゥーオーガニック

ひとことで言うと「整う」。最近、肌が乱れてるんだよな、なんだか毛穴が開いてきたな、というときに、ササッと解決してくれる一本。ベタつきを抑え、落ち着かせてからキメ細かな肌に仕上げます。この整い方は、まるでシンクに残っていた食器を洗ってスッキリしたときの感覚。さっぱりしたテクスチャーで、メンズにもおすすめ。

エクストラクト ローション リペア 120㎖ ¥3,800（ジャパン・オーガニック）

4　フレッシュミスト

エムアイエムシーワン

「美人の湯」と言われる三重県湯の山「片岡温泉」の源泉を使用したアルカリ性単純温泉水と、炭酸だけでできたシンプルな化粧水。特に春夏の毛穴が開く時期に最適で、浸透感ばっちり。肌の内側もやわらかくなるような潤い感。便利なスプレータイプで全身に使えます。

MiMC ONE フレッシュミスト 100g ¥2,300（MiMC）

SKIN LOTION

5　ホワイトバーチモイストウォーター

アムリターラ

「非加熱の白樺樹液入り」。そう聞いただけでも期待感の高まる、敏感肌にもおすすめな化粧水。自然の「生」の保湿成分がダイレクトに含まれ、肌につけるとすっと素早く浸透。つけた後の肌は手で触れただけでもわかるくらい柔らかく、クリームを塗られる準備完了！と言わんばかりのふっくら感。

アムリターラ ホワイトバーチモイストウォーター 120㎖ ¥4,000（アムリターラ）

＃敦子スメ "スタメン"
—— STARTERS

乳液＆クリーム

やわらかい肌をつくるなら、やっぱり日々の
クリームは欠かせません。美白、ハリのアッ
プ、肌を落ち着かせてメークのノリを良くす
る、の3タイプをセレクト。なめらかなテク
スチャーとやわらかな香りで、マッサージを
するように肌にやさしくなじませてください。

1 生シアバター
モイストクリーム

アルジェラン

生シアバター配合で、肌にピタッと
くっつき、もっちり感がでるクリー
ム。化粧下地としても優秀で、メー
クさんにも人気。手持ちのオイルを
一滴足すとさらに潤いがアップしま
す。コスパもよく、敏感肌にもおす
すめ。生シアバター モイストクリー
ム 50g ¥1,600（カラーズ）

2 ダマスクローズ
エラスティッククリーム

テラクオーレ

即効性のあるハリ＆弾力クリームと
いえばコレ。キメを整えて、肌自体
をやわらかく弾力的に仕上げてく
れます。ごわつきやたるみが気になっ
たり、活力のない肌にもおすすめ。
ローズの香りでつけるたびに癒され
ます。ダマスクローズエラスティック
クリーム 50ml ¥5,500（イデアイ
ンターナショナル）

3 ホワイト
ルナクリーム

アルジタル

月明かりのような、パッとした明る
さをもたらしてくれるクリーム。つ
けた瞬間に肌が点灯するような不思
議な感覚があるのが特徴。ごわつき
やすい肌質の方にもおすすめ。アル
ジタル ホワイトルナクリーム 30ml
¥4,000（石澤研究所）

CHAPTER 1　　　　　　　　　　　　　　　　　　　　　　　　　　　　BEAUTY　　STARTERS

1　ローズヒップ　エキス

ザ・プロダクト

ナチュラル系オイルの代表格と言えば、肌の基礎体力をアップしてくれるローズヒップオイル。毛穴、シワなどのトラブルにも効果的で、ハリのある肌へ導きます。ローズヒップの栄養分が凝縮された、新鮮なオイルです。ローズヒップ エキス 25ml ¥2,500（KOKOBUY）

2　トリートメント　オイル スムージング

ドゥーオーガニック

オイルのベタつきは苦手、でも保湿力は欲しいという方に。軽いテクスチャーなのに保湿力はしっかり。肌荒れが気になるときはブースターとして、弾力が欲しいときはスキンケアの最後に。トリートメント オイル スムージング 18ml ¥4,500（ジャパン・オーガニック）

3　マジックドロップス

ダムダム

肌の深くまですっと浸透し、鎮静させるオイル。オリーブ、アボカド、ホホバ、ココナッツなど、パフォーマンスの高いオイルが多数配合されています。日焼けダメージや環境ストレスのケアにも。マジックドロップスバランシングオイルセラム 50ml ¥8,000（セブンデイズ）

4　ディープ　モイスト オイル

チャントアチャーム

温泉水が含まれた2層式オイル。適度に重さがあり、乾燥しがちな肌をもったりと、なおかつみずみずしく整えてくれます。秋冬の乾燥や、春先の季節の変わり目におすすめ。「何か足りない」肌に安定感をもたらします。ディープ モイスト オイル 60ml ¥3,200（ネイチャーズウェイ）

5　ゴールデン　ドロップス

シゲタ

100％ピュアなエッセンシャルオイルで作られた美容液。「肌をインスパイアして目覚めさせる」という言葉がぴったり。クリームやオイルに数滴混ぜて肌になじませると血行の巡りが良くなり透明感がアップ。くすみケアにも効果的。リピーターになる方多数。ゴールデンドロップス 15ml ¥7,000（SHIGETA Japan）

肌へのご褒美でもあり、栄養もたっぷりくれながら弾力・ハリなど、エイジングケアのテーマまでカバーする役割のオイル＆美容液。テクスチャーが軽めのものから、あえて重みがあるものまでを様々に。気分や目的で選んで、肌へのデザートタイムを楽しんで。

OIL & ESSENCE　オイル＆美容液

#敦子スメ"スタメン"
STARTERS

スペシャルケア

SPECIAL CARE

やるのとやらないのでは、確実にベースの肌のきれいさと弾力性が変わってくると実感するのがこのスペシャルケア。いつものスキンケアが日常生活なら、スペシャルケアはいわば「プチ合宿」。集中ケアで肌のグレードアップを狙いましょう。

1 オーガニックオメガチャージ
エムアイエムシー
撮影前やイベント前夜に頼ることが多い、優秀カプセルオイル。即効性があり、肌の調子を整えてくれて、朝起きると「いい感じにやっときました！」感満載。メークノリのいい肌に仕上げてくれます。オーガニックオメガチャージ50回分￥15,000（MiMC）

2 ハイドレーティング クリームマスク
トリロジー
ハリ・ツヤを取り戻したい肌におすすめの、マヌカハニー入りのクリームマスク。栄養がたっぷり肌に届き、疲れて見えていた肌に活力が戻ってきます。薄く塗って、洗い流さないオーバーナイトマスクとしても使えます。ハイドレーティング クリームマスク 75ml ￥5,200（ピーエス インターナショナル）

3 7ハーブマスク
マルティナ
かれこれ10年以上使っているのでは、というくらい頼りにしているクリームマスク。かなり濃厚なテクスチャーで、くすみ、血行不良、乾燥を感じる肌に7つのハーブの栄養をたっぷり届けます。ツヤツヤで弾力を感じる、生命力のある肌を作ります。7ハーブマスク 100ml ￥6,000（おもちゃ箱）

4 ドリームグロウマスクPF
ファミュ
ナチュラルアイテムで、ここまでビフォーアフター感のはっきり出るシートマスクがあったことに驚き。肌にピタッと吸い付く100%ナチュラル素材のシートも新感覚。水分とハリを同時に与えてくれます。ドリームグロウマスクPF（ハリ・エイジングケア）30ml×6枚入り￥4,200（アリエルトレーディング）

CHAPTER 1　　　　　　　　　　　　　　　　　　　　BEAUTY　　　STARTERS

1 ムーンアイピロー
マスヨメ
目の疲労に欠かせない！シルクの布に玄米、水晶、テラヘルツが入ったアイピロー。目の疲れが強いときは、冷凍庫で冷やして目のクールダウンに使うのがおすすめ。そのまま常温でも、また、電子レンジなどであたためて使うこともできます。ムーンアイピロー ¥3,700（J-フロンティア・インベストメンツ）

2 アイケアクリーム
マルティナ
こっくりしたテクスチャーに固定ファンの多い、ロングセラーアイテム。重みのあるアボカドオイルがシワのできやすい目元にハリとバイタリティをもたらします。疲れ肌のフェイスクリーム代わりにも。アイケアクリーム 15㎖ ¥3,000（おもちゃ箱）

3 トリプルブルー コンセントレイト
ネロリラ ボタニカ
むくみや疲れを感じるまぶたにすんなり浸透し、潤いを与えて、みずみずしい目元を復活させるアイクリーム。塗った瞬間疲れがひいていく感覚がクセになります。ジャーマンカモミールの香り。トリプルブルーコンセントレイト 15㎖ ¥6,500（ビーバイ・イー）

4 キウイシードオイルアイクリーム
アンティポディース
目元のたるみをキュッと、なめらかに整えるアイクリーム。軽いテクスチャーでピタッと肌になじみ、ジワジワとハリを与えてくれます。重すぎない使い心地で日中のケアにもおすすめ。キウイシードオイルアイクリーム 30㎖ ¥5,500（コスメキッチン）

これからの10年でさらに大切にされるであろうアイケア。スマホやPCが欠かせない毎日で、もっとも酷使しているパーツです。何十年後も旅行で美しい景色を楽しめるよう、大切にケアしていきたいカテゴリー。アイケアグッズも上手に取り入れて。

EYE CARE アイケア

> 妄想劇場

コンシェルジュ敦子がプランニング!

ライフステージ別
「コレで行こ!」アイテム帳

元販売員の私が頭と妄想力をフル回転させて考えた、年代&ライフステージ別おすすめアイテムたち! 元接客業の血が騒ぐ、「その人に本当に必要なものは何か?」というのがセレクトのテーマ。そのときどきの自分に合わせたコスメを、リアルなお買い物風にコンシェルジュ敦子がおすすめします。今35歳の私が過去を振り返って、これが優秀だった、必要だった、役に立ったといううアイテム、今リアルに使っていて「いいね!」と思えるもの、これからに向けて最低限コレはそろえたい!という目線も入れました。そしてそれを使ってくれるお客さまの、日々の生活の癒しになるように、大切に想いを込めました(←接客業の基本)。コレ興味がある!というものがあれば年代を飛び越えて使ってみてほしいです。本当に自分に必要なものは直感でわかるはず。

CHAPTER 1　　　　　　　　　　　　　　　　　BEAUTY

10-20 代前半

コストは低く、効果は高く！素肌を活かすスキンケア

シンプル・満足・リーズナブルをカギに、10代後半から20代前半ごろまでにおすすめな、素肌のきれいさを引き出すスキンケアやちょっとしたメークアイテムを選びました。この年齢ではあんまりごちゃごちゃつけすぎず、肌の弾力やハリを楽しんでほしいと思います。そして価格も重要なポイントですよね。555円から2000円台前半を目安に、トライしやすいものをセレクトしています。

【a】弾力のある世代のお肌の美しさを引き出すにはシンプルケアがカギ。肌の潤いを引き出し、余計な皮脂をさっぱりさせるにはナチュラルなソープが一番。オリーブオイル、シア脂、アボカド油などが含まれ、洗い上がりもしっとり。ソープトピア バー ソープ［上］ブルージーン ¥1,000［下］メルロージーサンセット ¥1,500（ともにソープトピア新宿フラッグス店）【b】フレッシュを感じさせるリップメークは、コスパ最高のオーガニックリップと、うるツヤを長時間キープするグロスがおすすめ。［上］アルジェラン オイルリップスティック 4g ¥555（カラーズ）［下］ママバター カラーリップグロス ブロッサムピンク 10g ¥1,400（ビーバイ・イー）【c】ワンプッシュでも即、ハリを引き出してくれるジェル状の美容液。ドゥーナチュラル インテンシブ エッセンス［モイスチャー］40ml ¥2,600（ジャパン・オーガニック）【d】肌をやわらかく保つローズウォーターベースの化粧水。ヒアルロン酸が、つけたあとにモッチリとした質感を与えます。ザ・プロダクト フェイシャルローション 50ml ¥1,800（KOKOBUY）【e】シアバターが含まれ、重めのテクスチャーでしっかり保湿しながらメークできるBBクリーム。敏感・乾燥肌の方にもおすすめ。素肌感を残しながら、色味を調整してくれます。ママバター BBクリーム イエローベージュ 30g ¥1,500【f】スペシャルケアだってお得にトライ。保湿成分の代表、シアバターの潤いをたっぷりチャージ。一枚で化粧水＋美容液＋乳液の3in1なところもポイント。ママバター フェイスクリームマスク ピュア［1枚］¥350［3枚］¥920（ともにビーバイ・イー）

20代半ば～後半

全部頑張らなくていい、押さえドコロ知ってますね系アイテム

エイジングを意識し始める人も出てくるこのシーズン。なんでも最初って、チカラの抜き方がわからず「全部きちんとしなくては」と思いがちですが、ツボだけ押さえていればOK。必要な潤いを補い、肌の基礎体力を底上げしてくれるアイテムを選びました。どれかひとつ今のラインナップに足すだけで、安定感や保湿感を感じられるのではと思います。赤いリップはいつもよりちょっといいところへ行く機会にぜひトライして。

【a】仕事でもプライベートでもフォーマルな場所へのお出かけが増える時期。デートやパーティに、ひとつ持っておきたい赤リップ。指でつけるとナチュラルに、筆ならしっかりした印象に。女性らしさを引き出す真紅です。rms beauty リップチーク ビーラブド 5mℓ ¥4,800（アルファネット）【b】肌の血行不良やくすみの解消におすすめの、キャロットエキス入りクリーム。サンダメージからの回復も。マルティナ ジンセナクリーム 50mℓ ¥5,000（おもちゃ箱）【c】長く使い続けるとお肌が安定し、キメを整え揺らぎにくい肌をつくるローズヒップオイルがふんだんに含まれたクレンジング。吹き出物が出やすい肌にもおすすめ。トリロジー クレンジング クリーム 200mℓ ¥4,600【d】ローズヒップオイル100%の美容液。毛穴、キズ、シワなどの悩みにも効果的。揺らがない肌づくりに。トリロジー ローズヒップ オイル 20mℓ ¥4,300（ともにピーエス インターナショナル）【e】水分、油分をバランスよく、しかもワンプッシュで瞬時に与えてくれる美容液。乾燥による小ジワにも効果的。エアコンや紫外線による肌疲れにもおすすめのOLさんのコスメ棚にもぜひ入れてほしい！チャントアチャーム モイスト チャージ エッセンス 30mℓ ¥3,800（ネイチャーズウェイ）【f】肌の内側からふっくらと潤わせてくれる、日本人のために作られた化粧水。肌をやわらかく保ち乾燥から守ります。ヴェレダ ワイルドローズモイスチャーローション 100mℓ ¥3,800（ヴェレダ・ジャパン）

CHAPTER 1　　　　　　　　　　　　　　　　　　　　　　　　　　BEAUTY

30代

自分を潤すことも忘れない。ROSY系30

仕事・育児・家事など、ステージは違えどやるべきことが増えたり、自分以外にもケアする相手が出てくる忙しいシーズン。そんなときこそスキンケアでたっぷり満たされてほしいという願いを込めて選びました。女性らしさを引き出すローズをベースにして、肌を安定させる飲むオイルや即効性のある美容液、マスクをプラス。忙しい自分のために、メンタルケア効果のあるアイテムも忍ばせています。

【a】ピンクのテクスチャーが見た目も可愛いジェル状のオーバーナイトマスク。ファミュ ローズウォーター スリーピングマスク 50g ¥4,200（アリエルトレーディング）【b】女性の気分や体調の揺れにおすすめな、フラワーエッセンスが入った全身用クリーム。座りっぱなしの日は腰回りに、なんだかイライラするときは首や肩まわりに塗り込んで。ブッシュフラワーエッセンス ウーマンクリーム 50g ¥3,600（ネイチャーワールド）【c】飲んで内側から補給するオイル。良質なオイルをインナーケアで取り入れることで肌を乾燥から守り、ホルモンバランスを整えます。エルポリステリア オイルカプセル ルリジサ〈ボリジ〉60カプセル ¥4,200（コスメキッチン）【d】肌の角質層へ浸透してふわっふわの触り心地に。くすみのない明るい肌に導きます。このオイル、浸透具合がハンパじゃない。アルジタル ブライトニング ローズ フェイスオイル 50ml ¥4,300（石澤研究所）【e】毛穴をキュン！と引き締めてくれる、ビタミンC誘導体の入った美容液。今ひとつ肌に何かが足りないと感じるときに使うと、いい意味でスキンケア全体が締まる感じに。ファミュ ルミエールヴァイタルC 30ml ¥8,000（アリエルトレーディング）【f】ブルガリアのバラの谷で手摘みされたバラの香りと、こっくりと濃厚なクリームのテクスチャーの組み合わせが絶妙。肌を包み込むように手でなじませながらマッサージして使います。アムリターラ リラックスアロマクレンジングクリーム ローズ 150g ¥4,500（アムリターラ）

40代

本日、一滴一万倍日

ミルククラウンをイメージして、一滴で何倍もの拡がりを見せるような、エフェクティブな秀逸美容液を中心にセレクトしました。ハリ・ツヤ・弾力・毛穴レス・美白など、目的別にさまざまなタイプのアイテムをチョイス。種類をたくさん使うよりも、さらっとスマートに、でもパワフルに解決するのが大人の技。レギュラーアイテムに昇格させたくなる、デキるエキスパート揃いです。

【a】洗い流さないタイプのクリームマスク。ザクロ、ブルーベリー、ストロベリーなどの種子オイルが含まれ、肌に栄養が届き、落ち着きながらもつややかな肌に。トリロジー オーバーナイトマスク 60㎖ ¥5,800(ピーエス インターナショナル)【b】肌のごほうびタイムを底上げしてくれる美容液。パッケージも素敵なので気持ちも上がります。パールが入っているのもロマンティック。ネロリラ ボタニカ インテンシブビューティーセラム 32㎖ ¥7,000(ピーバイ・イー)【c】瞬発力、即効性のあるジェル美容液。疲れや紫外線などのダメージで開いた毛穴をキュン！と引き締めます。目元やおでこのシワなど気になる部分にも効果的！とファンの多いロングセラー商品。アムリターラ アクティブリペアタイムレスセラム 30㎖ ¥8,700(アムリターラ)【d】もったりとした、ほどよい重さのあるオイル。リバイタル力が強く、ハリを回復させてくれます。フランシラ フランキンセンスAGオイル 40㎖ ¥7,500(フランシラ＆フランツ)【e】女性ホルモンのバランスの乱れによる肌荒れや髪のトラブル、アトピーなどにも効果的な月見草オイル。シンプルな成分なので肌にも使えます。ザ・プロダクト スキャルプリバイタライザー 25㎖ ¥2,500(KOKOBUY)【f】肌に瞬時に潤いと美白成分をチャージできる集中美容液。紫外線ダメージにも強い優れもの。2週間で使い切るタイプ。トリロジー Cブースター トリートメント 12.5㎖ ¥5,200(ピーエス インターナショナル)

CHAPTER 1　　　　　　　　　　　　　　　　　　　　　BEAUTY

Mummy, Baby, Happy

妊婦さんへの
ギフトにおすすめ

コンシェルジュ敦子として見落とせないのが妊婦さん用のアイテム。飲みやすいお茶から、ギフトの代表ストレッチマークオイル、あるとうれしい足のむくみ用オイル、妊婦さんのリアル支持率の高い玄米カイロ、ベビーも大人も使えるこっくりしたクリームまで、ママも赤ちゃんもHAPPYになるアイテムたちです。

[a]ファウンダーが妊活中、自分の冷え対策にというきっかけで生まれたアイテム。電子レンジで温めると玄米の香りが広がります。妊婦さんのお腹のハリにも効果的。写真には写ってませんが、可愛いデザインの袖も付きます。デスクワークでの腰、背中の痛みや療養中の方の温活にも。マスヨメ 玄米カイロおなか用 ¥4,800（J-フロンティア・インベストメンツ）[b]鎮静作用の高いカレンデュラのこっくりクリーム。赤ちゃんのおしりの保湿や大人の敏感肌のケアに。オーガニック植物のパワーが詰まったアイテム。マルティナ カレンドラベビークリーム 50ml ¥3,000（おもちゃ箱）[c]出産のお祝いにもおすすめな、授乳期のママにうれしいハーブがたくさん入ったハーブティー。まろやかでとても美味しく、自然な甘みがあり、妊娠・授乳中でない方でも飲みやすい味です。ヴェレダ マザーズティー 40g〈2g×20包〉¥1,700（ヴェレダ・ジャパン）[d]妊婦さんの足のむくみをすっきりさせる。ユーカリ・ハッカ・ローズマリーなどスッキリ系のハーブで巡りを改善。少しスースー感があります。腰や肩にも。妊娠中期から使えます。インティメール リーフオイル 50ml ¥8,000（サンルイ インターナショナル）[e]テクスチャーがとてもなめらかなボディオイル。血行を促進するアルニカエキス配合。妊娠線の予防に。また、妊婦さんだけでなく生理痛の緩和アイテムとしても。ドイツの助産師・薬剤師の知恵が詰まっています。ヴェレダ マザーズボディオイル 100ml ¥3,800（ヴェレダ・ジャパン）

Thank You!

Clay Cosme

ありがとう♡ 泥コスメ

もう、ありがとうと言わざるを得ないくらいお世話に
なっている泥コスメたち。肌をキュッと引き締めたいときにも、
日頃の疲れが気になるときにも、そしてエネルギーを
チャージしたいときにも…。大地のエネルギーやミネラルがたっぷり
含まれた泥コスメは、むくみ取りやデトックス、自然の力を補う
ストレスケアにも欠かせない存在。産地によって
粘り気や触感も違う泥、自分にマッチするものを探してみて。

① trilogy | トリロジー |
ミネラル ラディアンス マスク

クレイマスクは乾燥する説を払拭したのがこちら。「角質を取る」と「栄養を与える」ことを同時に叶えるミネラルマスク。ローズヒップオイルがふんだんに含まれ、クレイマスクの中でもプルッとした仕上がりに。60ml ¥4,700(ビーエス インターナショナル)

② DAMDAM | ダムダム |
スキンマッドパワーマスク

即効性と透明感ならナンバーワン。知らない間にダメージを受けていた肌をリフレッシュさせ、くすみを取り、キメを整えてトーンアップ。キュッと吸い付くカオリンクレイがとても気持ちいいマスクです。100g ¥6,000(セブンデイズ)

③ NEROLILA Botanica | ネロリラ ボタニカ |
アースマスク

こっくりとした粘り気のある、大地の力を感じる泥マスク。沖縄の海底泥や奈良のコメヌカなど、JAPANパワー全開。自分たちの暮らす国=日本の自然の恵みが含まれた、肌をもちもちに仕上げるパック。竹炭も入っています。65g ¥4,200(ビーバイ・イー)

CHAPTER 1　　　　　　　　　　　　　　　　　BEAUTY　　Clay Cosme

④ **THE PUBLIC ORGANIC** ｜ザ パブリック オーガニック｜

精油ボディスクラブ

クレイに加えて、オレンジとユーカリの精油の香りがフレッシュ感をアップしてくれる。オリーブの種でできたスクラブが肌に余分な角質をオフします。気になる部分にマッサージしながら使うのがおすすめ。180g￥1,600（カラーズ）

⑤ Frantsila ｜フランシラ｜

フランシラピートトリートメント

森の中で泥んこ遊びをしているかのようなリラックス感と、天然ミネラルなどの栄養素がパワーをくれる泥パック。入浴剤として使うと発汗作用もあり、アトピー肌の鎮静などにもいいそう。500ml ￥9,800（フランシラ&フランツ）

 ⑥ **ARGITAL** ｜アルジタル｜

グリーンクレイペースト

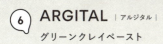

スキンケアとしてだけでなく、足裏パック、子宮あたりのお腹周りのパック、肩こりの緩和、日焼けの鎮静、脚のむくみ取りなどオールマイティーに使えます。250ml ￥3,600（石澤研究所）

Breast

INTIME ORGANIQUE
ブレスト ケア
クリーム

ふっくらとしたやわらかなバストを作るならコレ。ざくろや大豆など、女性ホルモンに働きかける植物エキスを多数配合。お風呂上がりにマッサージしながら塗るだけで、ハリのある胸元に仕上がっています。100g ¥6,000（サンルイ・インターナショナル）

Heel

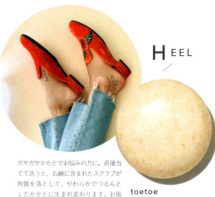

toetoe
すべすべフットソープ

ガサガサかかとでお悩みの方に。直接当てて洗うと、石鹸に含まれるスクラブが角質を落として、やわらかでつるんとしたかかとに生まれ変わります。お風呂の中でサッと使えるのもおすすめポイント。¥900（ビーバイ・イー）

Décolleté

WELEDA
ざくろオイル

女性ホルモンの働きを助けるプニカ酸が豊富に含まれ、色気のあるデコルテをつくるオイル。やわらかく、ふんわりとした触りたくなる肌に導いてくれます。ざくろの香りも最高。二の腕、バストなど上半身全体のケアにも。100ml ¥4,500（ヴェレダ・ジャパン）

【 パーツケア 】
PARTS

ふとした瞬間に鏡を見て、きれいにのがパーツケア。反対にサボっ（こういうときに限って好きな人と と心はハラハラ。そして何より自分「知っている」メンタルがもたらすできるものなので、自分の身体をいた

Foot

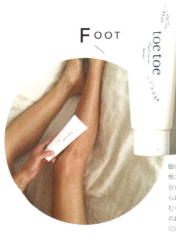

toetoe
ぽかぽか
フットジェル

脚の"冷え"に特化したジェル。ショウガ根エキスをはじめとしたぽかぽかする成分がたくさん入っていて、脚を内側からあたためてくれます。冷えを感じる方、むくみが気になる方の日々のマッサージのお供に。ほどよい刺激で血流を促進。100g ¥1,200（ビーバイ・イー）

Foot

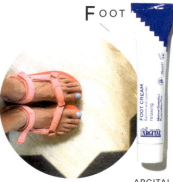

ARGITAL
リラクシング
フットクリーム

血行をよくするハーブ入りのフットクリーム。疲れたふくらはぎにも効果的で、こわばりがほどけていくような心地よさを体感できます。かかとの硬さが気になる方はお風呂上がりにマッサージしながら塗り込んでみて。75ml ¥3,500（石澤研究所）

CHAPTER 1　　　　　　　　　　　　　　BEAUTY

L IP

黒糖でできたリップスクラブ。肌よりもターンオーバーの早い唇を日頃から角質ケアすると、やわらかい唇になって保湿されるのでリップメークもさらに楽しくなります。ギフトにもおすすめな可愛いパッケージ。14g ¥3,400（スパークリングビューティー）

sara happ
リップスクラブ
ブラウンシュガー

N AIL

マニキュアを塗る前に、素の爪もきれいに。爪表面に溜まったルースキューティクルをオフし、形を整えるネイルケアセット。指先のケアをするだけで最終的な仕上がりや塗りやすさが全然違うんだ！と教えてくれたアイテム。¥7,000（貝印）

KOBAKO
ネイルケアセット

CARE

お手入れできていると気分が良いていたことに気がついたりするとたりするんだよね！）、"あっヤバイ…"がパーツをきれいにしていることを効果は大きい！ どれも簡単にケアがわる気持ちで取り入れてみてください。

L EG

脚をキュッと引き締めるマッサージクリーム。滞った巡りを改善し引き締めます。なめらかなテクスチャーで伸びるので、脚全体のマッサージに最適。脚の悩みに特化した植物成分が23種類も入っています。200㎖ ¥4,500（サンルイ・インターナショナル）

INTIME ORGANIQUE
レッグ トリートメント
クリーム

H AND

不思議と何度も塗りたくなる絶妙な香りのハンドクリーム。手荒れを防いでくれる保湿目的はもちろん、気分転換にもなるのでデスクまわりの置きコスメに。手肌を癒すプロポリスエキス入りで、サラッと浸透してくれます。75㎖ ¥2,400（石澤研究所）

ARGITAL
ヘリクリサム
ハンドクリーム

Delicate Zone

【デリケートゾーン】

1

ARGITAL
デリケートハイジーンソープ

スーッとした清涼感が心地よいデリケートウォッシュ。デリケートゾーンの洗浄剤はいろんなタイプがありますが、私はこのさっぱりとした使用感が一番好き。生理中にもおすすめです。

2

ARGITAL
デリケートハイジーンニアウリクリーム

デリケートゾーンを清潔に保つスースークリーム。かゆみやかぶれを鎮めてくれる、ニアウリをはじめとした植物成分がたっぷり。荒れや湿疹にも効果的で、デリケートゾーン以外のお肌のトラブルにも使えます。

3

INTIME ORGANIQUE
ホワイトクリーム

コンプレックスになりがちなVラインやワキなど、デリケートな部分の保湿と美白に。コメヌカやドクダミなど古くから伝わる原料が明るい肌に導きます。肌表面もしっとり。

4

INTIMÈRE
バーシングオイル

妊婦さんには会陰マッサージ、妊娠していないときは膣マッサージに使えるオイル。マッサージを取り入れることで膣内の血流を良くし、卵巣や子宮も元気になる効果もあるそう。

6

JEWLINGE
デリケートドロップ

ショーツに1滴垂らして使うタイプのアロマ。気になるデリケートゾーンを香りでケアします。またハンカチやマスクなどに垂らして純粋に香りを楽しむ使い方も。オーガニック精油100%だから安心！

もはや常識になったデリケートゾーンのケア。
見えないところだからこそきれいに、
快適に大切にしたいパーツです。
かゆみや炎症などのトラブルを避け
清潔さを保ちながら、香りでもリフレッシュ。
エイジングケアの一環としてもぜひ取り入れて。

5

natracare
パンティライナーノーマル

おりものが気になる方へ、デイリーに取り入れたい優秀アイテム。ナチュラル素材のナプキンやパンティライナーは、デリケートゾーンの乾燥を防いで、憂鬱な期間中も快適な状態を保ちます。

【1】250ml ¥2,600【2】75ml ¥3,500（ともに石澤研究所）【3】100g ¥2,600【4】30ml ¥10,000（ともにサンルイ・インターナショナル）【5】18個入り ¥480（おもちゃ箱）【6】[右から]ルクリア、アミュレット、ハピネス各5ml ¥5,000（すべてジュランジェ）

Love your body

自分のシグネチャーパーツを探そう
（コンプレックス＋ボディケア）×脱皮回数＝自信

　とってもお悩みが多いのが自分の身体。二の腕が気になる、脚のむくみが…なんて探せばきりがないですが、その分ボディケアは深く「自信」と結びついているなあと感じています。まったく同じ顔の人がいないように、身体もきっと自分だけのもの。骨格やパーツのカタチ、人それぞれにきれいなところや特徴がありますよね。私は自分の「肩」がコンプレックスでした。骨がしっかりしているので、大きく見えないかな？って。でも、骨がしっかりしているからこそ鎖骨がきれいに見えたりもします。ある動画に鎖骨が出る服で出演したときのこと、そこを褒めてくれた人もいました。

　それをきっかけに、「コンプレックス」を「特徴」に変えようと思いました。自分の意識が変われば、それまでコンプレックスだったものがシグネチャー（看板）に変わるかもしれない。そして同じく、前から褒めてもらえることの多かった「脚」も大切にケアしてみようという気持ちになりました。そうしてボディケアをちゃんとやるようになると、自信もついて洋服を着るのが楽しくなるし、その気持ちは見た目にもきっと表れる。みんなに提案したいのは、自分のいいところ、特徴的なところを探してシグネチャーパーツにしてみること。髪でもいいし、頭の形でも、手がきれいとかなんでもいい。人に言わなくて良いから、自分の中で大切にしてケアをする。そうすると、自分の中での見え方が変わってきて、ボディケアも楽しくなるかも。

HAIR CARE

一生付き合っていく髪だから

毎日のことだから、大切にしたいシャンプーの時間。私にとってシャンプータイムは、1日の疲れを洗い流す大切なセラピー。だから使うアイテムも、香りが身体になじみやすいオーガニック&ナチュラルなものが断然おすすめ。心地よさはもちろん、紫外線のダメージケア、髪を内側から保湿するなど、高機能でバリエーションも豊富にそろっています。そして、髪だけでなく頭皮のケアもマスト。肥沃に実る小麦畑の穂が「髪」だとしたら、「頭皮」は土や畑そのもの。循環のよい健やかな頭皮を意識しながらケアしましょう。髪に手入れが行き届いた人はなんだか品があるように見えますよね。大切にすればするほど、髪も応えてくれるはず。

CHAPTER 1　　　　　　　　　　　　　　　　　　　　　　　　　　　　　BEAUTY

Hair Care

THE PUBLIC ORGANIC
精油シャンプー スーパーポジティブ
精油トリートメント スーパーポジティブ

a. ──

髪を洗いながら、同時にマインドセルフケアも叶う大人気シャンプー&トリートメント。香りはもちろんのこと、泡立ちや髪への保湿力、コストパフォーマンスなどあらゆる面でとても優秀。毎日髪を洗うのが楽しみになる、至福のバスタイムを作ってくれるヘアケアです。各500㎖ 各¥1,544（ともにザ パブリック オーガニック）

O by F
モイストシャンプー
リペアトリートメント

b. ──

「リペアしながら保湿」といえばこれ。髪をしっとりやさしく包み込む泡が心地よく、トリートメントは髪の内側にすっと浸透するのが印象的。アルカリ還元イオン水×ジェモセラピーを組み合わせ、トリートメント効果の高い成分がたっぷり含まれています。質のいい「水」の力で、ダメージやストレスを補修してくれます。シャンプー¥2,800 トリートメント各250㎖ ¥3,300（ともにエッフェオーガニック）

uka
Shampoo Wake up up up!
Hair Treatment Wake up up up!

c. ──

スースー系で一番好きなシャンプー&トリートメント。滝を浴びたような清涼感と、頭皮が目覚めるようなスッキリした香りで、夏のベタつく時期やメンズにもすすめたい一品。スッキリするのにパサつかず、サラサラな仕上がり。アミノ酸が髪にたっぷり栄養を届け、使い続けることで髪が強くなる効果もあるそう。シャンプー300㎖ ¥3,000 トリートメント200㎖ ¥3,300（ともにuka Tokyo Head Office）

OWAY
sunway アフターサン
ヘア&ボディバス
sunway アフターサン
ヘアマスク

d. ──

髪のUV対策に！初めて洗ったときは、あまりのしっとり具合に感動。紫外線を浴びた髪を保湿&抗酸化。乾燥やゴワつきから守り、塩分や塩素の害をオフして髪を蘇らせます。シャンプーは、ボディシャンプーとしても使えるユニークなコンセプト。ヘア&ボディバス 240㎖ ¥3,400 ヘアマスク 150㎖ ¥3,200（ともにarromic）

AMRITARA
ベジガーデン
グロッシーヘアオイル
オレンジ&ラベンダー

e. ──

髪になめらかで健康的なツヤが欲しいときにはこれ。枝毛の予防や毛先のパサつきにも効果的。濃厚なオイルが、髪に適度な重みとツヤを与えてくれます。シャンプー前の頭皮マッサージにもオススメ。無農薬のオーガニックオイルがたくさん含まれています。30㎖ ¥3,100（アムリターラ）

SHIGETA
ミッドナイトラスター

f. ──

頭がすっきり目覚める頭皮用エッセンシャルオイル。頭皮の血行やツヤの巡りの促進に。指に少量つけて生え際、頭頂部など気になるところに毎朝スリスリ。その後ブラッシングすると、パッと目が覚めてスッキリ。朝のケアにおすすめ。15㎖ ¥5,000（SHIGETA Japan）

OWAY
プラントミネラル
リフレッシュ

g. ──

100%ナチュラルなパウダー状ドライシャンプー。髪にコシを与えたいとき、余分な皮脂を抑えたいときにマッサージするように頭皮にすり込みます。シャンプ前に加えると、いつもよりも髪がリフリフになるから不思議。髪も身体も元気になります。ドライシャンプー36g ¥3,200（arromic）

MAKE UP

メークは半分儀式です

CHAPTER 1

BEAUTY

Make Up

Make up is...
Almost "RITUAL"

疲れているとき、「朝メークをするのが面倒くさいな」と感じたことはありませんか？ 反対に、好きな人に会いに行くときや新しい服やメークアイテムを取り入れたときは、メークをするのにワクワクしたり…。メークは私にとって、自分のモチベーションを測るバロメーター。裏を返すと、「丁寧にメークをする」ことで、自分の元気を引き出すこともできます。そう、考えてみたらメークは、自分を元気にするために毎朝行う、半分儀式みたいなもの。「今日もいい感じだな」と自分を励ますように、また「少し休みたいのかな？」と声なきサインを知るために、毎朝鏡に向き合ってみてください。そしてときに、マンネリを打破することも大切。使ったことのないカラーをあえて取り入れてみたり、他の人から客観的なメークのアドバイスを聞いて、メーク時間をアップデートして、より新しく、楽しいものにしてみましょう。私はナチュラルなものが肌に合うのでオーガニック、ナチュラル系のアイテムを主に使っていますが、その取り入れ方も自分に合っているバランスを探せば○K。お気に入りのアイテムやメーク法を見つけていきましょう！

Base Make

- ☑ UV Skin Protection
- ☑ Liquid Foundation
- ☑ Powder Foundation
- ☑ Concealer

メークの90％が完成する
ベースメーク

A SHIGETA UVスキンプロテクション

B MiMC ナチュラルホワイトニングコンシーラー

C rms beauty マスターミクサー

D AMRITARA アメージングオーガニックファンデーション

E MiMC ミネラルイレイザーバーム

F Celvoke インテントスキンリキッドファンデーション

G naturaglacé スキンバランシングベース

H rms beauty アンカバーアップ

【A】シミやクマ、ソバカスをカバーしながら美白ができる成分（ビタミンC誘導体配合）も一緒に摂れるなんて頭良すぎ。これひとつでコンシーラー、ハイライト、クマカバーなど、たくさんの役割を果たしてくれます。SPF32 PA++ 6g ¥5,500（MiMC）【B】香りとテクスチャーが心地よく、みずみずしくフレッシュな肌に仕上げてくれる。40㎖ ¥3,100（SHIGETA Japan）【C】イエローベース肌におすすめな、ローズゴールドのマルチハイライター。ベースメークとして顔全体に使うとツヤ肌メークに、チークに混ぜれば日焼け感のあるカラーにアレンジできます。5㎖ ¥4,900（アルファネット）【D】人生で感動したパウダーファンデーションはまだこれだけ。粉雪のようなさらさらしたファンデだが、陶器のような透明感のある肌をつくります。11g ¥4,000（アムリターラ）【E】2019年のベストコスメに入れたい一品。肌にヴェールをかけたように、肌触りが最高な毛穴をカバーする下地バームです。SPF20 PA++ 6.5g ¥5,800（MiMC）【F】カバー力、保湿力、ツヤ＆仕上がりなど、多方面で頼れるリキッドファンデーション。SPF32 PA++ 28g ¥4,800（セルヴォーク）【G】重たすぎず、軽すぎない絶妙なテクスチャーの下地。肌を全体的にトーンアップし、キメを整えます。SPF31 PA++ 25㎖ ¥3,200（ネイチャーズウェイ）【H】ツヤ肌の定番中の定番。コンシーラー兼ファンデーションとして、目の下の三角ゾーンだけに使用。5㎖ ¥4,800（アルファネット）

CHAPTER I　　　　　　　　　　　　　　　　　　　　BEAUTY　　Make Up

Base Make

眉はあなたの**知性と品を伝える**メッセージ

顔の印象を一気に変えるのが眉。もともと持っている骨格や、自分のパーソナリティー、時代など、様々なものを映すパーツでもあります。同時に、ずっとアップデートし続けることが眉には必要。どこよりも、「今の私」を表現する部分なのかもしれません。私もメークさんに会う機会があれば、「眉、どうやって描いてます？」と聞いてしまうほど「似合う眉」は永遠に探っているテーマですが、探し続けるとだんだんと自分らしい眉に出会えるかも。ここでは、「自分的に旬な眉アイテム」をご紹介します。

CHAPTER 1　　　　　　　　　　　　　　　　　　　　　BEAUTY　　Make Up

Eyebrow
- ☐ Powder Eyebrow
- ☐ Eyebrow Mascara
- ☐ Eyebrow Brush
- ☐ Eyebrow Pomade

#敦子スメ眉
2019年版
プロセス

①Aのスクリューブラシで眉全体の毛流れを整える。②CのアイブロウブラシでBを取り、眉がないところを埋めるイメージで眉尻〜眉頭の順でパウダーをなじませる。このときブラシの太さと硬さを活かし、しっかり色をつける。③アイブロウライナーまたは、Dのポマードを筆に取り、眉尻のアウトラインをきれいに出す。余計な部分は綿棒でオフ。④Fのカラーマスカラを眉頭からちゃっちゃとつける。つけすぎないよう注意して完成！【A】スクリューブラシ¥1,200（貝印）【B】インディケイト アイブロウパウダー（10g未満）¥3,500（セルヴォーク）【C】アイブロウブラシ ¥3,500（アディクション ビューティ）【D】【E】ともに本人私物【F】インラプチュア ラッシュ 04 10g未満 ¥3,800（セルヴォーク）

☆一度はプロに相談してみよう！
客観的に見てどんな形が似合うのか、実現する描き方は？など、自分に合う形を知ることは大切。身近な方法として眉専用サロン http://www.anastasia-eyebrow.jp はおすすめ。

Celvoke
インディケイト
アイブロウ
パウダー03

KOBAKO
スクリューブラシ

ADDICTION
アイブロウ
ブラシ

ANASTASIA
ディップブロウ
ポマード

ANASTASIA
デュオブラシ

Celvoke
インラプチュア
ラッシュ 04

忘れられない**ポイントメーク**

POINT MAKE

Mascara

オーガニックのマスカラを信じて！

MiMC
a. ミネラルロング
　アイラッシュ

anelia natural
b. トリートメント
　マスカラ

10年前では考えられなかったほど、ナチュラル系のマスカラは進化しました。ツヤ、ボリューム、キープ力、そしてまつげへのダメージ面を考えても、この2本はとっても満足感の高いアイテム。パッと明るい目元を作ってくれて、一本一本にきれいについてくれる優れもの。

【a】ブラック 7.5g ¥3,800（MiMC）【b】ブラック 7㎖ ¥2,300（アマラ）

Highlight

幸運がにじみ出る満月顔のハイライト

rms beauty　　**MiMC**　　　　**MiMC**
a. ルミナイザー　b. ミネラル　　　c. ハイライター
　クワッド　　　　ハイライター　　　ブラシ

光を味方につけたハイライト使いができれば、コンシーラーやファンデーションでたくさん隠すよりも自然で艶やか、フレッシュ感のある肌のできあがり。ポイント状になっていて塗りやすく、肌触りのいいMiMCのブラシは本当におすすめ。ベージュのハイライターは、白浮きせず自然に光を集めてくれます。aはツヤ肌仕上げにも。

【a】4.8g ¥6,200（アルファネット）【b】6g ¥4,000【c】ハイライターブラシ 301 ¥8,500（ともにMiMC）

Lip & Cheek

rms beautyの色ものは女性像の表現に最適

rms beauty
リップチーク

発売当時から人気のrms beautyの色ものは、上品な仕上がりと女性としての多面性をメークに与えてくれます。知的に見えるローズベージュやブラウン、華やかさを引き出すレッドやピンクなど、まさにメークの変身力を感じられるアイテム。指でポンポンとつけるだけで、自然になじみ血色のよい顔に仕上がります。なりたい自分に合わせて選んで。

各5㎖各¥4,800（すべてアルファネット）

CHAPTER 1　　　　　　　　　　　　　　　　　　　BEAUTY　　Make Up

毎年新しい商品が出るメークのカラーアイテム。そんななかでも「忘れられないインパクトのある一品」ってありますよね。メークならではのワクワク感もありながら、機能面もバッチリ。何度も使いたくなるようなパワーアイテムを紹介します。

Powder Cheek

メークにストーリー性をつけるなら、MiMCのパウダーチーク

MiMC
ビオモイスチュアチーク

内側からじんわりにじむような発色のMiMCのパウダーチーク。チークをつけるのが苦手、という方でも自然で、やわらかな発色が楽しめます。その日の気分やお洋服に合わせて、「今日はこんな自分になりたいな」とストーリー性をつけてくれるような豊富な色展開も魅力。顔の印象を変える、メークの主役になれるパウダーチークです。

各6.2g 各¥3,800（すべてMiMC）

Color Items

2秒でおしゃれ顔！
Celvokeのカラーアイテム

Celvoke
a. ヴォランタリー　b. インフィニ　c. カムフィー
　 アイズ　　　　　トリー カラー　　クリーム
　　　　　　　　　　　　　　　　　　ブラッシュ

新たな自分を引き出したいならセルヴォークのカラーアイテムを試してみましょう。他のブランドでは見られないニュアンスと大人っぽさを引き出してくれるカラー展開で、いつものコーディネートをよりおしゃれに感じさせるようなメークに仕上げてくれます。つける濃度で印象も変わるので、いろんな表情を楽しんで。

【a】10g未満 ¥2,000【b】10g未満 ¥3,200【c】10g未満 ¥3,200（すべてセルヴォーク）

すぐ完売になったけど
納得のいく結果です

THE PUBLIC ORGANIC
精油カラーリップスティック

色味、パッケージ、中身のクオリティー、そして価格！あらゆる面で優秀なドラッグストアで買えるカラーリップ。カジュアルなメークの日は眉と日焼け止め、そしてコレだけ！Tシャツやデニムに合わせてもいいかも。細身のパッケージだから、ポケットにサラッと忍ばせて出かけたい。

上からバーニングレッド、グレースフルピンク、ノーブルオレンジ 各¥648（すべてカラーズ）

Lip

道具を制するものは
美容を制す

[1] 職人技の光るフェイス用ブラシはフォークアート風。ひとつ持っていたい愛用アイテム。肌あたりも柔らかく、デイリーに使えます。ソートビア フェイスブラシ ¥3,800（ビープト印刷商事ブラシズ店）[2] 買った日から雪のモチーフで持ったどのようなむらのあるお肌実感で、きれいにファンデーションを伸ばすことができます。メーカーの相性にもお困るとう。キメの整った肌に仕上げます。M/MC ミネラルリーヒーフアンデーションブラシ ¥5,000（M/MC）[3] どの面もマルチに使えるスノーズがヤシ、リキッド、パウダー、バームなどすべてのベースメイクアイテムに使えます。別になじませるときに使うのですが、とても簡単にきれいに仕上がります。洗ってすぐ乾く機能面もGOOD。KOBAKO ベースメイクスポンジD（4個入）¥1,000（貝印）

CHAPTER 1　　　　　　　　　　　　　　　　　　　　　　　　　　　　BEAUTY

【4】まつげ用のカーラーですが、アイプロウをする前に、眉の毛流れを整えるのにもおすすめ。コンパクトで持ち運びに便利です。KOBAKO ホットアイラッシュカーラー ¥3,000（貝印）【5】時間がないときに、あぁ……と助けてくれる便利なリムーバー。中指を入れると指輪のコーナーにもフィットを表現してくか、保湿成分のコラーゲンも配合できます。NAILSINC トリートメント＆アクセサリーリムーバー トゥイズXC 60ml ¥4,500（TAT）【6】寝ぐせでしっかりめに髪に当てるとマッサージもできるくクッションブラシです。メーク前のブラッシングですると頭皮のツボ刺激で目覚めてすっきり爽快。目が細かいので、髪にもデシュッションとるパイル g160mm スリムキーブラシ ¥2,700（コスメキッチン）

コスメの良さを最大限に引き出すツールたちは、映画で言うと名脇役のポジション。うまく使うことでコスメの良さや効能を最大限に引き出したり、時短になるなど良いことがたくさん。文字通り「使えるヤツ」なんです。本当に実用性が高いと実感した、最優秀助演女優賞的アイテムをそろえました。

MAKE A GOOD SMILE

リップ・トゥース・マウス

「口元が魅力的な人は笑顔も素敵」。ふんわりとした唇や、骨格、ヘルシーな歯や歯茎…。歯や口元には「印象」のもとになる要素がたくさん詰まっています。エチケットとしても細やかに日頃からケアしたい部分。そして、なんと言っても「ビッグスマイルは七難隠す」、と言わんばかりに魅力を輝かせるのも笑顔ですよね。パッと笑った顔には大きなパワーがあります。シミやシワがない完璧な顔よりも、豊かで楽しそうな人に惹かれた経験がみんなにもあるはず。食べたり、飲んだり、話したり、いろいろな役割がある口元、気持ちよく笑うためにナチュラルアイテムでケアしませんか?

CHAPTER 1　　　　　　　　　　　　　　　　　　　　　　　　　　BEAUTY　　　　　Make a Good Smile

my white secret／チャコナッツスマイル

炭、ココナッツオイル、ミントの絶妙な組み合わせのオイルプリング剤。5分ほど口に含み、少し吐き出して歯の表面をブラッシングするとツルツルに。さわやかな使い心地で朝のオーラルケアにおすすめ。小分けになっているので、旅コスメにも。10㎖×14包 ¥4,500（ピーエスインターナショナル）

made of Organics／ホワイトニングトゥースペースト

歯磨き粉はオーガニック系がいい、でもホワイトニングも気になる、という方に。天然由来のホワイトニング成分として超微粒子のバンブーパウダーとシリカを配合した歯磨き粉。やさしい磨き心地です。発売以来人気を誇る王道アイテムです。130g ¥2,200（たかくら新産業）

auromère／歯磨き粉 フレッシュミント

アーユルヴェーダの思想に基づいたナチュラルな歯磨き粉。ミントが磨き上がりをさわやかに導きます。指に少量取って、歯茎のマッサージに使うのもおすすめ。70g ¥950（ビーバイ・イー）

MARTINA／リップバルサム

荒れやすい唇のケアといえばコレ。塗ったあとに長時間潤いをキープしてくれるので、秋冬の唇の乾燥、皮むけケアにも欠かせません。寝る前にオーバーリップに塗って、そのまま寝て使う方法もGOOD。ラノリン、ハチミツなどの贅沢な保湿成分がたっぷり入っているオーガニック系リップのロングセラー。15㎖ ¥1,800（おもちゃ箱）

WELEDA／歯みがきソルト

さすがに使いたてはしょっぱいけれど、歯磨き粉のなかでもっとも歯がスベスベになってくれて気持ちいい。インスパのマウスケアにも。75㎖ ¥1,000（ワンダー・ジャパン）

ARGITAL／オーラルハイジーンウォッシュ

お口の中をクールダウン＆さっぱりさせて、歯茎までリフレッシュさせるマウスウォッシュ。口の中を浄化させる銀系水入り。グリーンクレイが含まれ、泥の吸着力で口の中の汚れを浮かせて取り除いてくれます。100㎖ ¥3,200（石澤研究所）

THE PUBLIC ORGANIC／精油リップスティック

スタイリッシュな見た目で、男女ともにデイリー使いしやすいリップクリーム。100％天然由来成分を使用して価格は555円、というコスパの高さにも驚き。保湿バームのように全身マルチに使えます。機内での乾燥対策にも。4g ¥555（カラーズ）

👄 噛み合わせも大事だから…「代官山デンタルクリニック」

口元の印象を変えたいなら、噛み合わせのチェックもおすすめ。歯医者さんに行くだけで怖くて緊張しまくっていた私の意識を根本から変えてくれて、自分の歯や口元を好きにさせてくれたクリニック。一度の診察は約2時間。先生がしっかりと説明をしてくれて、経過を一緒に観察する丁寧なサービスが特徴。歯ぎしりが気になる方にもおすすめです。ストレスだった歯医者さんへ通う行為が「次はどう変化しているかな？」と楽しみの時間に変わりました。小顔効果やフェイスラインの改善、ほうれい線の悩みなどにも噛み合わせ治療が有効。通常の保険診療も行っています。渋谷区代官山町14-15 HARAPPA DAIKANYAMA B1 完全予約制 ☎03-3462-9901

TROUBLE SHOOTING

お悩み&トラブルのお役立ち

植物や土など自然のパワーが詰まったオーガニックコスメは、肌のお悩みやシチュエーション別のトラブルに対応してくれるアイテムもたくさん。こんなときに使いたい！というお役立ちアイテムです。

CHAPTER 1　　　　　　　　　　　　　　　　　　　　BEAUTY

美白・くすみケア
BIHAKU・KUSUMI
——

a.
amritara ／
ホワイトエッセンス
フルーティーオイル

ビタミンCなど、肌を明るく保つ成分が豊富に含まれたフレッシュなカプセル入りオイル。紫外線を浴びた肌にもたっぷり栄養を届けて回復をサポート。寝る前に使うと、朝起きたときなんとなく明るい肌になっていると実感できます。24粒 ¥4,000（アムリターラ）

b.
do organic ／
ブライト
サーキュレーター ミルク

オーガニック系ではめずらしい、シュワシュワ系乳液。炭酸が肌の血行を促進し、ターンオーバーを促します。保湿力もたっぷりあるので、活力のある潤い肌を求める方はぜひ。100g ¥6,000（ジャパン・オーガニック）

c.
DAMDAM ／
スキンマッド パワーマスク

肌を浄化して、クリアな透明感を引き出す洗い流すマスク。化粧水や美容液の浸透がイマイチなとき、肌の角質を取りやわらかく保ってくれます。季節を問わず使いやすいのも魅力。100g ¥6,000（セブンデイズ）

d.
F organics ／
ブライトニングローション

みずみずしいテクスチャーで乾燥した肌にしっかりと浸透し、明るい肌に整える化粧水。ネロリの香りが心地よく、肌が疲れているなというときにも表面をやわらかく保ちます。150㎖ ¥4,000（エッフェオーガニック）

毛穴ケア
KEANA
——

a.
product ／
フェイシャルクレンザー

小鼻の毛穴ケアといえばこれ！ パウダータイプの洗顔料。水を足して硬めのペースト状に溶き、小鼻パックにするとクリアで引き締まった小鼻に。#敦子スメでも人気。週1ペースのスペシャルケアに。25g ¥1,600（KOKOBUY）

b.
MARTINA ／
サルビアモイスチャーミルク

ニキビ、吹き出物、ザラつきの三大毛穴トラブルに。乳液の適度な油分が肌をやわらかく整え、セージ（サルビア）エキスが炎症を抑え、皮脂の分泌を正常に戻すように導きます。毛穴や皮脂のトラブルがある方は、ぜひ1本使い切ってほしいシグネチャーアイテム。100㎖ ¥4,000（おもちゃ箱）

c.
ARGITAL ／
ルジアダローション

紫外線や季節の揺らぎで開いた毛穴を、キュッと締めてくれる清涼感のある化粧水。長年、春夏のヘビロテアイテムとしてストックしています。清涼感のある香りで男性にも使ってほしい。日焼けの火照りもクールダウンします。普段の化粧水の前にプラスしてもいいかも。100㎖ ¥4,000（石澤研究所）

電磁波ケア
ELECTRONIC CARE

HARMONITY／PROTECT ME

amritara／オールライトサンスクリーンクリーム

ARGITAL／ピュリファイングシャンプー

naturaglacé／UVプロテクションベース

Nature World／オーストラリアンブッシュフラワーエッセンス - エレクトロ -

[上から時計回りに] 紫外線はもちろん、近赤外線とブルーライトから肌を守る下地。美容クリームのようにやわらかいテクスチャーで「つけてる感」ゼロ。肌にストレスなく、あらゆる光老化から自分を守ります。SPF18 PA+ 40g、¥3,800（アムリターラ）髪や身体に溜まった電磁波や、人混みのあとのグッタリ感など「不要なもの」をすっきりオフするためのシャンプー。ボディシャンプーや顔を洗うことにも使える優秀アイテム。250ml ¥2,700（石澤研究所）電磁波から知らずに受けていた影響を軽くするフラワーエッセンス。電磁波は通常感じにくいものですが、これを飲むとふっと身体が軽くなり、ストレスから守ってくれます。飛行機に乗るときにもおすすめ。30ml ¥3,300（ネイチャーワールド）色味補整もしながら紫外線、近赤外線、ブルーライトをカットするベースメーク。SPF50、PA+++と、欲しいもの全部いいとこ取り。普段の化粧下地と同じ感覚で使えるのもポイントです。30ml ¥3,200（ネイチャーズウェイ）PCや携帯につけておくと、電磁波をポジティブなエネルギーに変換してくれるという今の時代に必須のアイテム。長時間のPC作業の疲れも軽減させるそう。知らず知らずに影響を受ける電磁波を意識せずともケアしてくれるので便利。¥12,000（ハーモニティ）

CHAPTER 1 　　　　　　　　　　　　　　　　　　　　　BEAUTY

疲労回復コスメ
RECOVERY

a.
ENDOKA ／
ヘンプボディバター

話題のCBDが入ったバーム、顔や身体などあらゆるこわばりを緩めます。肩、首の緊張にもおすすめ。ココナッツオイルやバニラの甘い香り。皮膚を通して抗酸化成分がすばやく浸透します。ふくらはぎの痛みなどにも。1500mg ￥17,000（エンドカ）

b.
Frantsila ／
土管のおやじ

森に実在したシャーマンのレシピでつくられたハーブローション。足のむくみや、腰や肩のハリがスゥ〜っと引いていくから不思議。立ち仕事の方にもとってもおすすめです。100㎖ ￥7,900（フランシラ&フランツ）

c.
nahrin ／
ハーブオイル 33+7

スイスのアルプスの山の上の空気ってこんな感じ？と連想してしまう、さわやかでトーンの高い香り。梅雨のだるさやデスクワークの疲れなど、モヤモヤしたときにおすすめ。身体に直接つけられます。15㎖ ￥2,900（スターティス）

d.
Janark Japan ／
スキンラスタークリーム

別名「イカクリーム」。というのは比喩ですが、強張っていた身体も、イカのように力が抜けていくリラックスクリーム。ストレスをリリースするフラワーエッセンス入り。背中や足の裏など全身に。125㎖ ￥2,800（シンシア・ガーデン）

e.
WELEDA ／
ローズマリー バスミルク

さわやかなバスタイムのために。血行を促進するローズマリーの香り。ミルクタイプでお湯に溶けやすく、香りそのものと、じんわりあたたまる静かな開放感を味わえます。男女問わずおすすめの香り。200㎖ ￥2,800（ヴェレダ・ジャパン）

アフターサンケア
AFTER SUN

a.
FEMMUE ／
フラワーインフューズド
ファインマスク

日差しを浴びて開いてしまった毛穴に。ジェル状のマスクが水分をグンと肌に浸透させ、カラカラになった肌ダメージを和らげます。冷やして使っても◎。50g ￥4,000（アリエルトレーディング）

b.
reMio ／
オーガニック
ダマスクローズ ウォーター

髪、顔、身体とマルチに使えるローズウォーターは、保湿とクールダウンを同時に叶えるアイテム。化粧水としてはもちろん、コットンパックやヘアウォーターとしても使える。水に数滴混ぜて飲むことも。150㎖ ￥2,200（レミオジャパン）

c.
ARGITAL ／
グリーンクレイペースト

リゾートには必ず持っていくアイテム。顔はもちろん、肩や腕などの熱冷ましにもおすすめです。日焼けで赤くなった肌の余分な熱を取り、潤いを与えて落ち着かせます。日を浴びたら早く使うのがポイント。250㎖ ￥3,600（石澤研究所）

d.
ARGITAL ／
ブライトモイスチャライジング
カモミールクリーム

日焼けによる肌の炎症を、おだやかに鎮静してくれるクリーム。なんとも言えない絶妙な香りで、敏感になった肌をカモミールやクレイが落ち着かせてくれます。急な肌荒れのレスキューにも使えます。50㎖ ￥3,500（石澤研究所）

CHAPTER

2.

SPIRITUALITY

自然の力を味方につけよう

Knowledge is rooted in all things - the world is a library.
— Native American
知識はあらゆる物事に根差す。世界は、ひとつの図書館だ。
ネイティブ・アメリカンの言葉

自然の秩序や法則を知れば
いい流れに乗れるようになる

・・・

　星占いやヨガ、アーユルヴェーダ、フラワーエッセンスなど、この本で紹介する「スピリチュアリティ」とは、普段なかなか意識することのない、でも私たちの生活にきっと影響を与えているであろう「自然の力」を最大限に活用しよう、というものです。いずれの知識も古くから伝えられているものだけど、なかなか目に見えにくいものでもあります。でもそこには、人間の力を超えた大きな自然の力が働いているように思うし、だからこそ仕組みを知ればその流れを使うこともできる。その力を実感する人が多いからこそ、現代にまで語り継がれるだけの面白さや秘密があるように思います。

　だからこのパートは、秘密の箱を開けるような、少しワクワクした気持ちで読んでくれたらうれしいです。すべて古くに発見された知識がベースになっていますが、実用しやすいところを文字通り"おいしいとこ取り"をして、みなさんの今の暮らしにアレンジして取り込めるように、おいしく味付けしてみたつもりです。ぜひ、自然の秩序や法則を味方につけて、目に見えない力と仲良くなってみてください。きっと、自分の調子を上げてくれたり、物事をスムーズに進めるサポートをしてくれると思います。もしかしたら、思ってもみなかったような楽しいことが流れ込んでくるかもしれません！と、ちょっと大げさに聞こえるかもしれませんが、ここに書いたことはすべて、私が体験して、実感したことをベースにしたいわば「福本調べ」です。では、楽しんでください！

解剖しちゃおう #星ちゃんねる

星占いは「使う」もの

まず、「星占いは使うもの」だと私は思っています。「星占いによってなにかが決まる」というイメージがあったり、「これからの良し悪しを決める予言」と捉えている方も多いかもしれません。だけど、星占いというのははるか昔に発見された、自然界を読み解くルールや法則みたいなもののひとつです。いわば、運勢や出来事の流れの天気予報みたいなもの。明日の天気がわかれば、それに備えることができる。そんな感覚で仕組みを知って、自分のためにうまく生活に取り入れることが目的です。それによって、なにかが決定されるわけではないと私は思っています。あくまでも自分の意志が先。そして自分の目的のためにうまく使う、という意識で活用するのがおすすめです。また、もうひとつのポイントは、星占い自体がかなり古くに発見されている叡智であるということ。なのでもちろん現代と完全にはマッチしない部分もあるけど、とらわれすぎることなく、「今」を良くするために使う。そんな意識で使っています。

星占いのロマンティックな秘密

12星座は、12個でひとつのストーリーになっている

牡羊座から始まり魚座で終わる12星座は、
実はひとりの人間の誕生から成長、そして死までのストーリーになっています。

1. ♈ 誕生や始まりをキーワードに、言い出しっぺやスターターといわれる牡羊座（魂が生まれたままの状態）。
2. ♉ 気に入ったものは手放さず、心ゆくまで味わう牡牛座は肉体を持ち、五感を楽しむ段階です。
3. ♊ ねえ、これ知ってる？ 聞きたい、知りたい、調べたい。得た知識や情報を広げる双子座
4. ♋ それ、わかる〜。ふた目めには「私も」。得た情報を誰かと共感・共振させたい気持ちの繋がり重視の蟹座
5. ♌ 共感はもう飽きた。僕はここにいるよ。自分の思いを表現したい獅子座
6. ♍ 表現？ その前に訓練でしょ。コツコツ自分を高めて、整理したい乙女座
7. ♎ ひとりよりも誰かと。私、空気読めます。自己鍛錬が終わり、誰かと関わることで自分を磨く天秤座
8. ♏ みんなより特別なこの人と。狙った獲物は落とします。ターゲットを絞り、変容していきたい蠍座
9. ♐ そういう重いのもういいや。どこか遠くへ楽しいことを見つけに行き、見聞を広めたい射手座
10. ♑ いやいや遊んでいる場合じゃないでしょ、コツコツ実力を積み上げて危機に備えます。責任感の強い山羊座
11. ♒ ルール？ それよりも個性。私は私。縦社会より仲間やネットワーク。もう令和だよ的感性・水瓶座
12. ♓ なんでもいいから全部を統合したいので、私に自由に泳げる水槽をください。魚座

妄想も入れているので怒らないでください。でも、前の星座を否定し次へ向かう、という一連の流れになっています。そして自分が生まれたシーズンは、自分の目的を果たすために選んで生まれてきていると考えるのが星占いでは一般的。実際にパーソナルなアストロジーでは、もっと詳細で個人的なデータが出る（例えば月星座がなにか、とか…）のでこれがすべてではありません。でも、最初のかじりとして、自分は12星座のなかで何番目なのか？ を見てみると、ちょっと自分のステージや役割がわかって面白いかもしれません。

CHAPTER 2   SPIRITUALITY

PART 1

コレだけは押さえよう！
(新月 & 満月)

自分が何座でこんな運命で…、とまではわからなくてもみんなに影響を与えやすい、そして自分でも影響を感じやすいのが月のサイクルです。月はとても身近で、地球の近くに位置する天体。昔から、人間の感情に影響を与え、月のリズムと女性の身体は親密な関係にあるともいわれていました（生理のサイクルと、新月〜満月の周期は同じともいわれています）。その月の満ち欠けは、コップの水にたとえるとわかりやすいです。

NEW MOON

FULL MOON

新月
○ コップが空っぽの状態
○ なにもないので
　種を植えやすい
○ 願いごとをすると良いと
　いわれているのはそのため
○ エネルギーが
　ゼロ・スタートの状態
○ なんだかすっきり
○ 道が空いている［福本調べ］
○ 物事がスムーズに進む

だんだんと
エネルギーがたまる。
コップに水が
溜まっていくイメージ

満月
● コップの水は満タンになり、あふれるイメージ
● エネルギーが満タンになるので、
　過剰にもなりやすい
● 感情が外に出やすい・気が高ぶりやすい
● 新月に植えた種が実る
● 結果を受け取るタイミング
● お店が満席なことが多い［福本調べ］
● いろんなことが実るタイミングなので、
　忙しくなりやすい
● イベントが盛り上がる

(なんとなくコツをつかんだら実践編)

新月

BEAUTY

☑ 髪を切る
☑ ネイルを新しく
☑ 新しいコスメを使い始める
☑ クレイパックでデトックス
☑ 塩コスメでさっぱり

LIFE

☑ 塩水で床掃除
☑ 会いたい人にアポを入れる
☑ 旅の計画をする
☑ 会議のキックオフ
☑ SNSのアイコンチェンジ

満月

BEAUTY

☑ たっぷりチャージのオイル美容をする
☑ 気が高ぶりやすいので
　ゆっくりお風呂に入る
☑ オイルマッサージ
☑ エネルギーたっぷりの
　蓄える系マスクをする
☑ 次の新月に向けてデトックスをはじめる

LIFE

☑ 人と集まり交流を楽しむ
☑ やりかけている仕事を終わらせる・実らせる
☑ 溜まった書類や洋服など
　不要なものを捨てる
☑ 盛り上げたいイベントはこの日に行う

NEW MOON

新月コスメ

リフレッシュやスタート、浄化に適した新月のキー成分は、塩、クリスタル、ミントなど。
自分の内側のキラキラ感を引き出すスッキリ系アイテム。

a.
おいせさん／
お浄め塩ヘアシャンプー
お浄め塩ヘアトリートメント

b.
L:A BRUKET／
バスソルト 065
シーソルトバス ミント

c.
Saly Beautism／
キャプティベイト・パフューム
passionist

d.
Pacific Essences／
トゥエルブ ジェムズ

【a】「いろいろなものが溜まる」といわれている髪も新月でスッキリ。塩の入ったおいせさんのヘアケアは、きしみやパサつきがなく指通りの良い仕上がりに。心まで洗い流す気持ちで使って。シャンプー 250ml ¥2,200 トリートメント 190g ¥2,500（ともにマルチニーク）【b】塩とミントのまさに"浄化"の組み合わせ。ミントの清涼感でお風呂上がりはさっぱり。メディテーションバスの出来上がり。450g ¥3,600（ラ・ブルケット）【c】きゅん！とアガるようなフレッシュな香りのブレンド精油。脚のむくみ取りに、マッサージするように何滴かすり込みながら使うのがお気に入り。10ml ¥3,627（アルテ ディヴィーノ）【d】細胞レベルで浄化し、古いものを手放して、自分本来の輝きを引き出すサポートをする(←すごすぎ)12種類の天然石からつくられたジェムエッセンス。モヤが取れた宝石のように、スッキリキラキラ浄化される感じがあります。このタイミングにぜひ。25ml ¥3,400（ネイチャーワールド）

AMATA
ハーブキュア

新月はヘアカットや頭皮ケアもおすすめ。一人ひとりに合わせたハーブパウダーで、毛穴からスッキリさせるAMATAのトリートメントメニュー「ハーブキュア」は、頭皮のむくみも取れて元気な髪になるのでおすすめ。AMATA スカルプエステ ハーブキュア ¥14,000

AMATA　港区南青山6-4-14 INOX AOYAMA 5F　☎03-3406-1700　⏰11:00〜21:00　日祝10:00〜19:00　休火水（@hairsalon_amata）

CHAPTER 2　　　　　　　　　　　　　　　　　　　　　　　　　　SPIRITUALITY

FULL MOON

満月コスメ

パワーが満ちる満月のときは、エネルギーの高いアイテムを取り入れて
リッチなケアを。月の流れに沿って自分自身もパワーチャージ。

e.
uka／
レッドスタディ ワン 2/1

f.
Saly Beautism／
luxe LOVE No.9

g.
Pacific Essences／
アバンダンススプレー

h.
SHIGETA／
EX オイルセラム

【e】トーンの明るい真っ赤なレッドは、エネルギーに満ちた色で満月にぴったり。表面もツルッとしていて重すぎないフレッシュな赤ネイル。10㎖ ¥2,200（uka Tokyo Head Office）【f】ローズやジャスミンなど、うっとりするような香りのリッチなオイル。自分へのごほうびトリートメントに。天然石つき。30㎖ ¥9,000（アルテ ディヴィーノ）【g】豊かさをもたらすアバンダンスエッセンス入りのスプレー。商売をやっている方は、お店の入り口にスプレーするのがおすすめ。みんなで過ごすリビングやオフィスなどにもいいかも。50㎖ ¥3,800（ネイチャーワールド）【h】マリーエレーヌ・ドゥ・タイヤックがセレクトしたジェムストーンを浸け込んだ、エネルギーたっぷりのオイルは、ぜひパワフルな満月に取り入れたい人気アイテム。ひと塗りでゴージャスな満足感と、肌のハリを感じられるはず。15㎖ ¥7,000（SHIGETA JAPAN）

Cleansing Cafe
ムーンジュースクレンズ

満月から新月に向かう時期は、ゼロに向かっていくのでデトックスや片付けに最適。身体をリセットするならこのタイミング。満月から新月に向けて行う@cleansingcafeのムーンジュースクレンズも要チェック。1DAY ¥10,000～

Healing Salon SOMI
ラストーンセラピー

新月か満月に行くことが多いHealing Salon SOMI。オーナーセラピストの生田さんの丁寧な施術に癒されます。あたためた石とオイルを使ったラストーンセラピーがおすすめ。新月＆満月メニューもあり。60分¥10,000～

クレンジングカフェ 代官山　渋谷区猿楽町5-10　☎03-6277-5336　⏰10:00～19:00　㊡火
Healing Salon SOMI　世田谷区駒沢・桜新町エリア（※住所は予約時に連絡）　☎090-8514-0666　⏰10:00～22:00（LO19:00）　不定休

PART 2

コレだけは押さえよう！

ちょっと待って・振り返れば 水星逆行

日常生活で感じやすい星のイベントがもうひとつ。年に3〜4回訪れる「水星逆行」のシーズンです。これは、交通、コミュニケーション、言葉、データなどを取り扱う「水星」が、他の天体の進み具合と歩調を合わせるために起こる、約2〜3週間くらいの期間のこと。電車に乗っていて、「前を走る電車と間隔調整のため、停止信号でしばらく停車いたします」とアナウンスが流れることがありますが、まさにそのイメージ。前になかなか進まない、交通や連絡が遅れる、メールを送ったのに届いていない…、なんてことが頻発します。だからこそ私は、あらかじめ「そういうもの」と理解しておいて、大事な仕事はその期間の前に終わらせる、連絡、データはダブルチェックをするなど、ハプニングを最小限に抑えるための備えをしたり、なにかあったとしても「水星逆行だしな」と気楽に構えるようにしています。そして、この水星逆行は悪いことばかりではありません。「過去」に光が当たるときなので、昔の友達に会うことで旧交を温めたり、昔欲しかったものが再度出てくる、など、無理やり前に進もうとしないことで得られることがたくさんあるんです。

水星逆行に起こりやすいこと

- ✱ 交通の遅延・渋滞
- ✱ 待ち合わせ場所・時間を間違える
- ✱ 新しい企画が進みにくい
- ✱ 携帯をタクシーや電車に忘れる
- ✱ SNSの調子が悪い（データをアップロードできない）

- ✱ 昔の友達にばったり
- ✱ （人も物も）昔のものが出てくる
- ✱ コミュニケーションや言葉による勘違い
- ✱ 過去の水星逆行と同じテーマが戻ってくることも
- ✱ タイミングのすれ違い

水星逆行おすすめアクション

- ✱ あらゆるものの見直し・熟考期間にする
- ✱ 昔やりたかったけど
  できていなかったことにトライする
- ✱ 旧交を温める

- ✱ 伝えられていなかったことを伝える
- ✱ 見落としていた部分を話し合う
- ✱ 前訪れた場所に再度行ってみる

水星逆行前におこなうとよいこと

- ✱ データのバックアップなどは水星逆行前に終わらせる
- ✱ 旅行の計画は水星逆行前がおすすめ

2019-2020 水星逆行の予定

2019年 11月1日〜11月21日

2020年 2月17日〜3月10日 ／ 6月18日〜7月12日 ／ 10月14日〜11月4日

手帳に書いて
おいてください♡

CHAPTER 2　　　　　　　　　　　　　　　　　　　　SPIRITUALITY

自分のホロスコープは
世界にひとつだけ

占いで使う出生図は、簡単に言うと〇〇年の〇月〇日何時何分、
その人が生まれた瞬間に、生まれた場所から空を見たときの星の配置図です。
なので同じ誕生日でも時間や場所の違いで、
若干の差が出てくるので、出生時間まで詳細に出した自分の
ホロスコープは、世界にひとつだけのものです。私は初めて自分の出生図を見たときに、
意味はわからなかったけど自分だけの地図を見たような気がして感動しました。
興味がある方は、最初はプロの人に見てもらうのがおすすめ。
出生図からは、もともと持っている資質や容姿の特徴、健康、才能の広げ方、
生まれたときの両親の状態、今人生はどんなステージにあるのか、
行動を起こすのに良い時期など、
自分でも気づかなかったようないろいろな情報がわかるので、
ぜひプロの人に任せてみて。

私に星占いを教えてくれた占い師のジョニー楓さんも、
実際に会って鑑定してくれるサービスをやっています。
私は初めて会ったとき、誰にも気づかれない顔の傷
（小さいころに事故で、唇の下に3針縫った痕があります）を、
「あっちゃんは顔にキズとかある？」と当てられて、とても驚き興味が湧きました。
そんなこともホロスコープに書いてあるなんて！
自分を知るためのひとつのツールとしてぜひ鑑定にトライしてみてください。

ジョニー楓さん
https://ameblo.jp/ck-johnny/
※鑑定の情報もこのブログからチェックできます。ぜひ体験してみて

HOROSCOPE

もっと勉強したい方へ
占星術ビギナーにおすすめBOOK
改訂版 しあわせ占星術 自分でホロスコープが読める本
まついなつき 著

マンガで解説してくれるわかりやすいビギナー向けの本。
ゆる読みしても入ってくるわかりやすさ。

¥1,300（KADOKAWA）12月5日に『新版 しあわせ占星術 自分でホロスコープが読める本』が発売予定。

星占いのロマンティックな秘密 **2**

12星座をあらわす言葉

P.62 に書いたように、12星座はひとつのストーリーになっています。
そして、そのひとつひとつに、その星座を示すスローガンのような言葉がついています。
どれもその星座を象徴するイメージを一言であらわしたものです。

WHAT YOU SAY?

♈ ARIES	———	I am
♉ TAURUS	———	I have
♊ GEMINI	———	I think
♋ CANCER	———	I sense
♌ LEO	———	I will
♍ VIRGO	———	I analyze
♎ LIBRA	———	I weigh
♏ SCORPIO	———	I desire
♐ SAGITTARIUS	———	I see
♑ CAPRICORN	———	I use
♒ AQUARIUS	———	I know
♓ PISCES	———	I believe

CHAPTER 2   SPIRITUALITY

♈ 牡羊座
Aries
「I am　私は存在する」
牡羊座はすべてのスタートを切るスターター。生まれたてのエネルギーだけの状態。後先考えるより行動する。とにかくやってみる。開拓者。思い立ったが吉日。「よーい、どん！」のスタートピストルを鳴らすような存在です。まだ予定は決まってないけど始めちゃう人であり、そういう役割。開拓することで道が拓ける。身体でいうと頭。

♉ 牡牛座
Taurus
「I have　私は所有する」
生まれたてのエネルギーだけだった牡羊座から、肉体を持つ喜びへ移行する段階が牡牛座。手で触れられる、香りが嗅げる、食べられる、「もの」になっていること、具体性があることが牡牛座にとっては重要。気に入ったものを所有している、という感覚が安定感につながります。バリエーションよりも、同じものを咀嚼する時間が喜び。関連する部位は、喉や首。

♊ 双子座
Gemini
「I think　私は考える」
「もの」よりも知的刺激や、知識や、人に伝えられるトリビアなど、ニュースや情報を風のように運びたいし、知りたい。双子座がいることで、エネルギーの代謝が起こります。風を運ぶには軽さが必要。リズムやテンポを大切にし、さわやかさが保てる環境を好みます。若さとも関係があり、常に新しさのある環境が心の新鮮さを保つ秘訣。関連する部位は呼吸器系、両腕。

♋ 蟹座
Cancer
「I sense　私は感じる」
意見の交換だけじゃつまらない。私だって同じように感じているし、あなたもそう？　心の家族と呼ばれる蟹座は、ともに感じる、同じものを共有する、居心地を人とシェアして温かみを感じ、それを守ろうとする星座。共感力が高いので癒し力も高いけど、蟹に甲羅があるように身内と他人の線引きがハッキリしているのが特徴。関連する部位は、胸、乳房、胃など。

♌ 獅子座
Leo
「I will　私は志す」
共感、共有の次に来るのは、自らの意志。自分がどう思うのか、をベースに未来を創造する獅子座は、表現すること、創ることに関連した公明正大な星座といわれています。ただthese、自分のなかに燃える炎があるもの限定。キャンプファイヤーのように、人に囲まれていた方が自分の炎は大きく燃えます。関連した部位は、心臓。

♍ 乙女座
Virgo
「I analyze　私は分析する」
いえいえ、私の意志なんて大丈夫です、こちらでせっせと調整しますので…。と、コツコツ謙虚なタイプの乙女座の言葉は、analyze（分析）。自己鍛錬、調整の段階といわれ、自分の腕を静かに磨く職人気質。柔軟に対応しつつもきちんとプランを立てていく、クラスにひとりはいてほしい知性派。調子がイマイチのときは、腸のメンテナンスを。

♎ 天秤座
Libra
「I weigh　私は測る」
ひとりで技を磨く時期は終わった。いざ、人のいる社交場へ…。あっ、パーティーに行くならこんなオシャレをしていきたい。今日はこんな私で行こう。人との関わりで自分を磨いていくのが天秤座。押しすぎず引きすぎずのバランス感覚は秀逸。関連する部位は、腰。笑顔が素敵な人が多い説も。

♏ 蠍座
Scorpio
「I desire　私は欲する」
社交場でのフォークダンスばりにいろいろな人と関わる段階が終わり、ひとりにターゲットを絞って深みを味わう時期へ。8番目の蠍座は、誰かひとり、またはひとつのことに集中し、相手も自分も変容するまでやり遂げるガッツの持ち主。そのエネルギーで、狙った獲物や願望をモノにします。セクシャルな魅力、カリスマ性とも近い星。関連する部位は生殖器、ホルモン。

♐ 射手座
Sagittarius
「I see　私は理解する」
ディープに深掘り、潜水したあとは、やっぱり外で遊びたい。広くて自由な土地へ、できれば遠くに行ってみたい（キラキラ）。射手座は持ち前の冒険心で、よく遊び、学ぶといわれている星座。蠍座の縛りから抜け、開放的で弾力のある環境を好み、自分とは違う文化も受け入れて吸収します。関連部位は太もも。フェスやキャンプ好きが多いのも特徴。※福本調べ

♑ 山羊座
Capricorn
「I use　私は使う」
よく遊び、異文化を吸収した後は、自分の足元を固めたい。そんな大人でありたい私。やるならきちんと、頂上まで上り詰めまする的な責任感。努力が身を結び、達成感よこんにちは。そう、形にするのが私の仕事。目の前の現実を、責任感を持ってやり遂げます。社会的に認められたい願望。山羊座に冷えは禁物。歯、骨などの骨格美容もおすすめ。肌の潤いも意識して。

♒ 水瓶座
Aquarius
「I know　私は知っている」
大人の付き合いだけより、仲間や友達って大事。社会的な立場より、コンセプトや理想をタイミングの合う人と話してみたいよね。それ、応用したらオリジナルなものが作れそう！　あぁ、アイデアをまた思いついちゃった。水瓶座は、電機や電波とも仲良し。SNSを面白くするアイデアを相談してみよう。関連する部位は、足首やくるぶし。

♓ 魚座
Pisces
「I believe　私は信じる」
これまでの星座のストーリーを一気に内包した魚座は、バスの一番後ろの席から全体を眺めるような人。もんじゃ焼きのように全部を混ぜてひとつの味にして、どの具にも優劣、善悪はつけない道徳観。芸術や音楽…、みんなが気づかないような、こぼれ落ちたものを拾う役割。式はわからないけど答えだけを見つけ、それを信じる人。根拠より直感。関連する部位は、足やつま先。

WORDS

MOON, WOMAN and BEAUTY

月と女と美容

P.070 ___ 071

CHAPTER 2　　　　　　　　　　　　　　　　　　　　　　　　　　　　　　　　SPIRITUALITY

古くから、
関連が深いといわれてきた女性と
月。"女性"というよりは、「受け身で女性的なも
の」といってもいいかもしれません。太陽が外向きに自分
から輝く天体だとしたら、月はその光を受けて輝く星。昼間、外
に出て人と関わる自分を太陽だとすると、月は家に帰った後の、リラ
ックスしているときの自分です。星占いでは、生まれたときの月の位置で、
幼いころの環境や自分がホッとする場所を読み取ることができる、ともいわれ
ています。月が私たちに与える影響は、まさに"内側に働きかける"もの。裏で
私たちを支えてくれている、陰の役割を果たしています。月のサイクルに合わせた
暮らしや美容は、自然の流れに沿って自分自身をケアして緩やかに解放していくよ
うな、そんなセラピー的な側面もあるように感じています。新月や満月になんだか
ソワソワしたり、体調に変化が表れたりするのは実はとっても自然なこと。流れ
に沿って自分に必要な水を与え、心地よく保つ努力をすることは、自分の中の
"月"をご機嫌に保つために必要なことなんです。どんなステージにも控え室
やベンチ席があるように、外でのパフォーマンスをアップさせるために
も、控え室＝自分自身の居場所のメンテナンスをすることはとっても
大切。もちろんその部屋は、快適でなければいけません。あ
なたの月は今、穏やかに光り輝いていますか？　外の活
動とのバランスを取り、自分の中の月を、ご
機嫌にしてあげてください。

誰も知らない秘密がいっぱい…
アーユルヴェーダ

WHAT IS AYURVEDA?

インドやスリランカで古くから受け継がれる伝承医学「アーユルヴェーダ」。身体や心をVATA（風）／PITTA（火）／KAPHA（水）という3つのドーシャ（質）の視点から診る体質診断（主に脈診）に始まり、その体質に合った人間関係の築き方、食事、睡眠など、幸せな人生を送るための叡智が詰まった興味深い学問です。自分で「私はこういう体質だ」と思っていても、それは生まれ持った体質ではなく、現在のライフスタイルによるバランスの乱れからそうなっている場合もあるので、興味がある方は専門家に診断してもらうのがおすすめ。私自身、頭の回転が早く忘れっぽいVATAタイプかと思っていましたが、診断してもらったときが忙しすぎて、ただVATA気質が増えていただけ。PITTAが高いのが本来の体質だよ、と教えてもらいハッとしました。自分自身を本来の心地よい状態に戻し、自然の秩序に沿って幸福を叶えていくのがアーユルヴェーダの基本的な考え方。自分の体質や気質を知り、無理をせず、自分に合ったやり方を見つけるヒントになるかもしれません。

アーユルヴェーダ面白グッズ

おうちで簡単にトライできる

絹100%
ガルシャナ グローブ

ネティウォッシュ
セラミック・ネティポット

GOODS

太白純正胡麻油

銅製
タングスクレーパー

【左上】絹100%のマッサージ用手袋。冷えや体の重さが気になるとき、スリスリと身体を撫でて代謝をアップ。手が乾燥するときのおやすみ手袋にも使えます。【右上】鼻洗浄のためのグッズ。沸騰したお湯を人肌まで冷まし、少し塩を加えてじょうろのように鼻の穴からお湯を入れ、逆の鼻の穴から出します。頭をすっきりさせたいときにおすすめです。【右下】銅でできている舌表面のお掃除アイテム。朝起きてすぐに使います。眠っている間に舌表面に浮き出た白いネバネバを取り、風邪や口臭を予防。日によってネバネバの色が違うので体調チェックにも。【左下】身体を温める効果のあるごま油。90度まで温め、その後冷ましたオイルを身体のマッサージに使います。クレンジングの代わりや、頭皮のマッサージオイルとしても有能。(すべて本人私物)

P.074 ___ 075

不安や怒り、気持ちの溜め込みの
アーユルヴェーダ的解消法

アーユルヴェーダでは、バランスを乱したときの解決法がとってもシンプルでユニーク。私が体験したものだと、漠然とした不安や睡眠の乱れは身体を温めしっとりさせることで緩和され、怒りが湧いてきたら自然の中に入ったり、ローズの香りを嗅いだり、ココナッツオイルをおでこに塗ることでクールダウン。また、感情を溜め込んだらスパイスが入った料理を食べたり、散歩をしたりすることで排出のエネルギーを促す、などなど、一見関係なさそうな「えっ、そこ？」というポイントから攻めていくのが面白くて好きなのです。仕事や恋愛で不安があったりしてもそのことにとらわれず、自分を整えることでその問題が自然と解決するという体験を実際にしてみて、とても面白いと思いました。普通は自分が関わっていることをどうにかして解決しなければ、と思ってしまいがちですが、全然違う身体からのアプローチがあることも知ってもらいたいです。

── 施設でのリトリート体験 ──

もっと興味を持った方におすすめしたいのが、リトリート施設でのトリートメントです。1週間ほど宿にこもりトリートメントや診察を受けるのですが、アーユルヴェーダでいわれる「生命力（オージャス）」が増すとはこういうことなのか！という体感をしました。目の疲れが取れてキラキラになり、心身ともに元気に。「今、自分に必要かな」と思ったら時間を作ってぜひ訪れてみてほしいです。

おすすめ施設

ドクターの診察・ヨガ・食事・トリートメントがすべてついて一泊2万円程度から（季節によって変動あり）。

....

Heritance Ayurveda Maha Gedara
Beruwala, Sri Lanka.
https://www.heritancehotels.com/ayurveda/

フラワーエッセンス

自分の心と向き合うきっかけに

CHAPTER 2   SPIRITUALITY

　感情や意識の奥深くに働きかけ、メンタルやフィジカルに効くフラワーエッセンス。お花のエネルギーが入ったお水で、必要を感じたときに口に数滴落として使用するのが一般的。飲むだけで、どうやってハートに働きかけるの？ 意識ってなに？と、目に見えないので、なかなかわかりにくいジャンルかと思いますが、見えない心の部屋のお掃除をするもの、とイメージしてもらうとわかりやすいかも。普段光が当たっていない、いわば心の奥の部屋に花のエネルギーが働きかけ、ネガティブな感情や思い込みをサラサラ〜ッとお掃除してくれるような感じ。心の奥にある気持ちを、スルッとフワッと、ときにはごっそりお掃除してくれます。そしてこの部屋は、すべての自分の行動に影響する、司令室のようなお部屋です。ここがきれいになると、その人の意識自体がポジティブに変わり、恐怖からチャレンジする気持ちへ、傷つくことから許しや受け入れる気持ちへシフトしていき、行動に変化が出ます。その人自身の変化によって、周りの状況の変化も促していく、そんな仕組みがフラワーエッセンスの効能です。私のファーストエッセンス体験は強烈でした。フラワーエッセンスがどういうものかまったく知らずに、あるブランドの「集中と瞑想」というエッセンスを興味本位で飲みました。 そしてその夜、「やっぱりこの関係はなにかが違うかな」という気持ちに見て見ぬ振りをしながら付き合っていた当時のボーイフレンドといきなり向き合いたくなり、結果、別れを告げる行動をとりました。

　なんで今日そうしたくなったんだろう？と思いましたが、後日、そのとき飲んだエッセンスが「本当の目的に向かわせるため集中する」という効能だったことを知りました。集中した結果、別れることになったのです。きっと相手を傷つけたくない、言いづらい、といった見て見ぬ振りに、「集中」がバッチリ効いたのかもしれません。こんな風に意識に働きかけ必要な変化や癒しをもたらすのがフラワーエッセンスです。その種類は何千種類にも及び、恋愛や新しいものにオープンになるもの、過去の痛みから解放されるもの、女性らしさを引き出すもの、自信を後押しするものなど本当にさまざまです。大切なのは、「自分の状態に合うものを選ぶ」こと。自分が心の奥で求めていないものを飲んでも、効くことはありません。

本当は自分は、どうなりたいのか？
本当に求めていることはなんだろう？

　　エッセンス選びの段階から、自分の心と向き合うことがスタートしているのかもしれません。

合うものがマジでわからないから相談したい！という方に。

　スタッフさんがオーリングテストなどで選んでくれます。エッセンスが何千種類もあるので興味がある方はぜひ。

....

ネイチャーワールド

江東区南砂2-1-12 東陽町スクウェアビル5F　TEL 03-6458-4550

"ここぞというときの"
フラワーエッセンス・アドレス

恐れ、不安って
なんだっけ？
無邪気さで楽しく乗り切る

THE・レジェンド。
お金、恋、仕事など、
あらゆる豊かさを呼ぶ
絶対試して！な一本

Korte PHI Essences
イルカ

水の濁りがクリアになっていくように、心のモヤモヤやエネルギーの重さを晴れやかに、純粋にしてくれるイルカのエッセンス。フラワーエッセンスが初めての方にも取り入れやすい一本です。なんとなく気分が良くなる→楽しくなる→いろいろなことがスムーズに動き始める、ということもよく聞きます。15ml ¥3,700（ネイチャーワールド）

Pacific Essences
アバンダンス

このエッセンスがもたらした伝説を数えたらキリがありません。結婚、パートナーができる、家が買える、仕事のチャンスが来た、不要なものが手放せた、などなど「その人に必要な」豊かさをもたらすのがこれ。実はこのエッセンスのみ成分は非公開。この本を手に取ってくれた方全員に飲んでもらいたい一品。朝と夕方、11滴ずつ口に落とすのが効果的です。25ml ¥3,200（ネイチャーワールド）

CHAPTER 2　　　　　　　　　　　　　　　　　　　　　　　　SPIRITUALITY　　Flower Essence

新たな恋に準備OKな
自分に一瞬で変身！
カップルは愛が
深まっちゃう

Power of Flowers Healing Essences
ラブエリクサー

知らない間にカサカサしていたパートナーとのやりとりが一気にまろやかになる、愛のためのエッセンス。シングルの人は新たなパートナーを引き寄せやすくなる効果も（本当です）。
30㎖ ¥3,600（ネイチャーワールド）

自分のことが
好きになれないなんて、
もう言ってる場合じゃない♡

Hawaiian Rainforest Naturals
ワイルドアザレア

自分への厳しさを手放し気楽になる。その結果、他人にも優しくなれる。あらゆる角度からの自分へのジャッジを手放します。お風呂に垂らしてセルフケアバスを作るのもおすすめ。
30㎖ ¥4,300（ネイチャーワールド）

本当に社長に出世した人も！
彼の潜在能力を引き出す
イケメンエッセンス

DTW Flower Essence
ファシネーションフォーメン

男性にプレゼントしたところ、1週間くらいで出世して社長に、なんてエピソードを持つ、男性の輝きをサポートする一品。女性が飲んだ場合、物事を前に進める力が湧いてくることも。
25㎖ ¥3,800（トリニティフォース）

ちゃんと聞き、伝え、
心を通わす。人との関わりは
本当は楽しいと教えてくれる

Australian Bush Flower Essences
リレーションシップ

対人関係に疲れている、コミュニケーションが円滑にいかない…、というタイミングで取り入れるのがおすすめ。人とのあいだに緊張や壁ではなく、楽しさと調和をもたらしてくれます。
30㎖ ¥3,300（ネイチャーワールド）

大人こそ、
やりたいことをやろう！
心に若さと弾力を取り戻す、
インナーエイジレスケア

DTW Flower Essence
エイジレスラスター

「もう大人なんだから」「〇歳だからこれは無理かな」と無意識に考えてしまっている方へ。「自分のやりたいこと」を自然と尊重できるようになり、心に弾力とツヤを取り戻させてくれます。25㎖ ¥3,500（トリニティフォース）

よりよい睡眠へ！
入眠をスムーズにして、
起きたときは何倍もすっきり

DTW Flower Essence
コンフォタブルスリープ

寝る前に考えを巡らせてしまう、眠りが浅い、など睡眠のトラブルを感じる方に。睡眠は心身を回復させるためのトリートメントのようなもの。その質をグッと上げてくれる一本です。
25㎖ ¥3,500（トリニティフォース）

CHAPTER

3.
HEALTHY

心と身体

All that occurs in the mind influence on the body, and vice versa.
— Hippocrates
心に起きることはすべて身体に影響し、身体に起きることもまた心に影響する。
ヒポクラテス（医師）

CHAPTER 3 HEALTHY

...
「健康とは、心と身体が満たされていること」

私の投げかけた質問に、アーユルヴェーダ施設のドクターはそう答えました。そのときちょうどトリートメントの6日目で、毎日のマッサージやヨガ、美しい環境や、栄養と愛情たっぷりのごはんで生命力（←オージャスとも言います）を取り戻していた私は、その言葉の意味を頭ではなく、身体で、感覚で受け止められたような気がしました。そのころには、初日に感じていた漠然とした不安や、寝る前に頭がぐるぐる働くなどの不調が「そんなことあったっけ？」というくらいの状態になっていました。心や身体を満たしていくことで、今ある問題にとらわれずに、自分の内面から解決していくことが可能なんだと実感できた経験でもありました。

お金や、人間関係や仕事、人生に訪れるあらゆる事象は、心地よい状態の自分になって眺め直せば、見え方が違ってくるのかもしれません。

「きっと、その人は満たされてないんだね」

昔、人間関係でいわれのない出来事が起きたとき友達に相談したら、自分の夢を着実にひとつずつ実現している彼女が私に言った言葉です。これって意地悪？ なぜ？ と頭で納得できる理由を求めていた私に、そのシンプルな答えは腑に落ちました。心が満たされていれば、不調和を自分から招くことはありません。もし自分が満たされていたら、問題は起きなかったかもしれません。自分の心や身体を満たしていくことは、自分以外の物事との調和をも、自然と招いてくれるのかも。すべての始まりである「自分」のメンテナンスをもう一度見直してみませんか？

FOOD & INNER CARE

身体に良いものを食べることは、
車に質の良いガソリンを入れるのと同じ

心や身体に栄養をもたらす食事。心のこもったごはんや、好きな人と食べるごはんは、その時間や空間も含めて本当に美味しく感じますよね。私は子供のころに母から言われた、「まず最初に目で食べる」(見た目を楽しむ)、「美味しさを味わう」ことを大切に、自分の体調に合わせて食べたいものを選びます。その他に、必要な栄養素をサプリメントなどで補うこともあります。右のページでは、身体の燃料になる毎日の食事にプラスして、健康をサポートしてくれるサプリメントや健康食品をピックアップ。良質な栄養を身体に蓄えるサポートをしてくれるものと、排出を促すものを選びました。まずは、自分の日々の生活に取り入れやすいものをチェックしてみて。

CHAPTER 3　　　　　　　　　　　　　　　　　　　　　　　　HEALTHY

食とインナーケア ✧

ディープ クリア ブラック

brand. AMRITARA

旅行のお供サプリとして登場回数多め。食べる掃除機の異名を持つ土と炭のサプリ。体内に溜まった食品添加物、農薬、化学薬品、重金属などの有害物質の排出をサポート。究極の引き算サプリです。60カプセル ¥3,600（アムリターラ）

ヨーグルトたね菌 ピュアクリアヨーグルト

brand. Dr.'s Natural recipe

豆乳か牛乳に溶かして、24時間放置するだけでつくれるヨーグルトのたね菌。菌の種類がケタ違いに多いので、自分の腸内の菌とのマッチング率高し。1g×8包 ¥3,195（アンファー）

白樺 エリキシール プレーン

brand. WELEDA

デトックスしたいときに。お通じの改善やむくみの解消にもおすすめな白樺濃縮エキス。炭酸水や水に希釈して取り入れます。白樺とレモンのさっぱり味で、カフェインレスです。250ml ¥3,700（ヴェレダ・ジャパン）

ボタニカル ヘルシーパンケーキ

brand. Dr.'s Natural recipe

甘党な方におすすめしたい、簡単な朝食やおやつにGOODなグルテンフリーパンケーキ。ただ美味しいだけではなく、食物繊維、亜鉛、鉄分、マグネシウムなど、さまざまな栄養が摂れるようにデザインされています。400g ¥1,500（アンファー）

ボタニカルライフプロテイン

brand. Dr.'s Natural recipe

肌や髪など全身をツヤツヤに保つなら植物性プロテイン！ 美味しくてついついすぐに飲み切ってしまうリピートアイテム。大豆、玄米、ヘンプの3種類のプロテインが含まれ、あらゆる体質の人にマッチさせる完全包囲な設計のところも好き。きなこ味 375g ¥3,195（アンファー）

寝かせ玄米ごはんパック

brand. 結わえる

簡単ヘルシー丼やあっさりごはんには、寝かせ玄米の簡単パック！ 身体の調子が悪いときは、この玄米にごま塩をかけたものを食べてノオリヤット。玄米には、精神をニュートラルに保つ性質もあるとマクロビでは言われています。6種12食セット ¥3,305（結わえる）

醗酵5

brand. 結わえる

1回2包で、玄米ごはん一膳分の栄養素が摂れるサプリメント。乳酸発酵させた米ぬかを主成分としてつくられ、同じようにビタミン、ミネラルを補給できます。お酒や脂っこい食事のあとにもおすすめ。ストレスにもいいGABA含有。20包 ¥3,000（結わえる）

WOMEN RULE

女性ホルモンを整える
Trim female hormones
〜乱れ周期のお助けコスメ〜

　私たちの身体と心を裏で牛耳っているとも言える、影響力の強い存在が女性ホルモン。身体のむくみや気分、その日の調子は、女性ホルモンにかかっている、と言っても過言ではありません。そう、まさに裏ボスです。でも、それはいたって自然なこと。だから闘わずぜひ調和を。簡単なのはインナーケアで整えること。フィトテラピーやスーパーフードの力を借りてみましょう。

　そして、イライラには香りのアプローチも効果的。女性の身体ならではの変化によるストレスには、メンタルケア効果も期待できるフラワーエッセンスがおすすめです。気分が悪い、イライラしてしまう、前向きになれないなど、不調があるときは、自分を責める前に、「ん、ちょっと待てよ、裏ボスのせいかも？」と冷静に自分の状態をチェックしてみましょう。

CHAPTER 3　　　　　　　　　　　　　　　　　　　　　　　　　　　　HEALTHY　　Female Hormones

• Products •

【a】優れた滋養強壮作用があり身体の機能を正常化させます。クレンジングカフェにてSEX & BEAUTY 60g (2g×30袋) ¥7,000 (ケレンジングカフェ)【b】ボディソープとして使い入れられるのでストレスなどの空間に。ザ・パブリック オーガニックの精油ボディソープ ラベンダー&ゼラニウム 480ml ¥980【c】英国人参、クコの実など女性の身体におすすめなハーブが凝縮されています。エッポリストリエ タンスチュールfor woman 30g ¥2,800 (コスメキッチン)【d】女性ホルモンにアップのため注目のスーパーフードと言われる、サンフード オーガニック レッドマカパウダー 227g ¥5,680 (プリエレヴィーディング)【e】レトロでも伝統的に使用。もちろん砂糖不使用、玄米こうじあま酒 250g ¥280 (マルクラ食品)【f】子育てに仕事のパランスに悩む女性にも好評のアイテム。ネイチャーワールド ウーマン 30ml ¥3,300 (ネイチャーワールド)

【a】気持ちの揺れが気になるときに。水に溶かして飲むとスーッと心身が落ち着くアダプトゲンハーブ。ストレスが気になるときが最も効果的。【b】イライラや気分の揺れに、手頃に簡単に早くアプローチするなら香りから。アロマ上級者からビギナーまでおすすめなゼラニウムの香りは、心身のバランスを整えストレスから解放します。【c】日常生活で簡単に取り入れやすいホルモン&メンタルケア。水に1～3g混ぜて飲むだけ。仕事中のイライラや気持ちの浮き沈みにも効果的。【d】玄米甘酒とMIXして取り入れることが多いのですが、飲んですぐ手先がポカポカになったり、元気が出てきます。朝取り入れるのがおすすめ。【e】飲む美容液とも言われる玄米甘酒は、ビタミンやアミノ酸たっぷりで美肌や整腸作用などいいことがいっぱい。甘党の私は、秋冬の朝食やおやつ代わりに取り入れています。【f】あらゆるライフステージの女性におすすめなフラワーエッセンス。気分の波やPMS、生理痛、更年期などあらゆる変化におだやかに向き合えるよう導きます。子育てのイライラにも。

PMS…

「普段からケアしていればPMSの質は変えることができる」と、30代になったころから実感しています。ポイントは、生理直前ではなく排卵日から生理に向かうまでを準備期間として考えること。意識してストレスを溜めないよう心がければ、生理前の波も自然と穏やかになるはず。

フェミニンバランス ボディローション

brand. **THE AROMATHERAPY COMPANY**

保湿だけではなく、全身の気の巡りまで良くしてくれるようなボディローション。ローズクオーツの近くでつくられたというから納得。生理前で辛いとき、腰のまわりと脚の内側に塗ると心地よさを味わえます。100ml ¥4,600（コスメキッチン）

シークルドゥ

brand. **INTIME ORGANIQUE PARIS**

飲み始めてから、PMSが和らいで、生理もおだやかな波のように自然と来るようになったサプリ。食事で補い切れない栄養素と、フィト成分が含まれたサプリメント。安定した生理のサイクルを送りたい方に。60錠 ¥6,000（アンティーム オーガニック パリ）

ティザンヌ メリッサ

brand. **HERBORISTERIE**

お茶のパワーを侮ることなかれ。自律神経を整え、イライラを落ち着かせる効能も持つメリッサのお茶は、生理不順にも効果的。チェストベリーと1:1でブレンドして飲んでみて。50g ¥1,900（コスメキッチン）

ティザンヌ チェストベリー

brand. **HERBORISTERIE**

女性のためのハーブとして知られるチェストベリー。香ばしい味がクセになります。このお茶を飲んでいるとPMSがまろやかになる気が。ホルモンバランスを整えてくれるので、妊活、授乳中、更年期などあらゆるライフステージの女性におすすめしたい一品です。100g ¥2,600（コスメキッチン）

CHAPTER 3 HEALTHY Female Hormones

生理中

生理は大切なデトックスのとき。人によって差はあるものの、生理のときに体調が優れないのは自然なこと。女性ならではのデトックスタイムとして、ゆっくり大切に過ごしましょう。生理の時期をスムーズに、心地よく生活するためのおすすめプロダクトを集めました。

フェミニンリフレッシュ（スプレー）

brand. **THE AROMATHERAPY COMPANY**

生理中のデリケートゾーンを快適に、ショーツやナプキンに吹きかけたり、デリケートゾーンのふきとりにも使えるボディのスプレー。気になるニオイをケアするだけでなく、身体のリズムを整える5つの精油を配合。生理時だけでなく普段から使えます。60㎖ ¥2,350（コスメキッチン）

5DAYオイル

brand. **ARGITAL**

トルメンチラという植物の根の成分が、生理時のおなかの重さや痛みをスーーーッと落ち着かせるオイル。波の水面が静かになるような自然な鎮痛作用に驚きました。子宮の収縮をスムーズにし、生理を楽にしてくれます。30㎖ ¥3,600（石澤研究所）

使い捨て布ナプキン

brand. **JEWLINGE**

初めての布ナプキンにおすすめな、紙ナプキンの上に敷く使い捨てできる小さなシートなので、外出時にも便利です。肌当たりが変わるだけで、こんなに快適さが違うのか！とみなさんにも体験してほしい一品。18枚 ¥600〜（JEWLINGE）

生理用ナプキン

brand. **NaturaMoon**

天然コットン100％、ポリマー不使用のふわふわナプキン。ナプキンを天然のものにするだけで快適度が全然違う。しっかり吸収してくれるので安心感もあります。羽付き 多い日の昼用 ¥474（G-Place）

温活

免疫や代謝アップ、むくみやセルライトの予防、生理痛の緩和、心もHAPPYにゆるやかに…、などいいことずくめの温活。内側からも外側からもぽかぽかにする温活アイテムをぜひ日常的に取り入れて。

アルニカ バーム

brand. **INSOLE**

冬場の足の指の冷え、首筋の強張りに。あたためハーブのアルニカが濃縮されたバームを塗り込むと、じんわりした感覚を与えてくれます。こめかみや、胃の痛みにも効果的。50㎖ ¥5,000（インソーレ）

アルニカ バスミルク

brand. **WELEDA**

筋肉痛や足のむくみ、全身の倦怠感をほぐす入浴剤。手足の冷えにもおすすめです。腰まわりの巡りの悪さも解消して、代謝を上げてぽかぽかにしてくれます。200㎖ ¥2,800（ヴェレダ・ジャパン）

ティザンヌ ヴァンルージュ

brand. **HERBORISTERIE**

体の内側からあたためたいときはこちら。血行を促進する赤ブドウの葉っぱのお茶。巡りを良くしてくれるのでむくみの解消にも効果的。日頃から取り入れて体質改善を目指しましょう。70g ¥2,500（コスメキッチン）

熊本県産 自然栽培 ごぼう茶

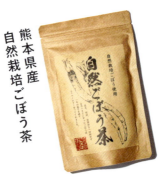

brand. **AMRITARA**

芯から冷える季節におすすめの香ばしいお茶。血をきれいに保つ作用もあるので、体調がすぐれないときのデトックスにも。80g ¥1,278（アムリターラ）

CHAPTER 3　　　　　　　　　　　　　　　　　　　　　HEALTHY　　　Female Hormones

玄米カイロ

brand. **masyome**

妊婦さんからデスクワークを長時間される方までおすすめな玄米カイロ。天然素材でつくられているので、あたためられている間も心地よくいられます。おなか用 ¥4,800（J-フロンティア・インベストメンツ）

腹巻きパンツ　ホイップルウォーマー

brand. **JEWLINGE**

寝るときにもおすすめな腹巻きパンツ。生理前の時期など、腰やおなかをあたためたいときにあると便利です。冷えを予防してくれるので、腰まわりにお肉がつきやすい方のあたためケアにもピッタリ。シルク＆ウール 腹巻きパンツ ¥6,480（JEWLINGE）

かかとソックス

brand. **Pubicare**

婦人科系のツボが集まっている、かかとまわりをあたためるソックス。飛行機や就寝時などあらゆるシーンで大活躍！一年通して活躍するマストアイテムです。¥4,200（ピュビケア）

レッグウォーマー　天然シルク＆コットン

brand. **JEWLINGE**

内側がシルク、外側がコットンでできていて、最高に肌触りのいいレッグウォーマー。締め付け感がないので心地よく、あたたかいのも魅力です。かかとソックスと併用すると最強。コスパ抜群なお値段も良心的！天然シルク＆コットン。¥2,100（JEWLINGE）

Wave are toys from god.

生理は波乗りみたいなもの

　20代のころ、とってもひどかった生理痛。もう今日は働けない…、というくらい、のたうちまわっていました。あるときふと冷静になり、「私って生理が始まってからどれくらい経ってるんだろう」と思い、数えてみると当時で10年くらい。10年経ってエキスパートになれてなかったら、仕事だったらめっちゃ怒られそう。「いったい私、何年女やってるんだろう」と我が身を振り返り、これじゃいけないと思い立ち、改めて生理の仕組みやホルモンのこと、自分の身体のクセと向き合いました。基本的な知識を勉強して、サプリメントを試してみたり、布ナプキンに替えてみたり。そして生理前の自分の心や身体の状態、食欲、食べたくなるものの傾向をちょっとずつチェック。私の身体は世界でひとつだけだし、自分自身で乗りこなしてみたいという気持ちで取り組みました。そして30代になったくらいから、「生理って波乗りみたいなものなのかも」と自分の身体と仲良くできるようになりました。

　毎月だいたい決まっている女性の身体のリズム。生理、排卵日、PMS、そしてまた生理…。それぞれの時期で、自分がどんな状態になりやすいのか、そしてその対策に適したものってなんなのか。次の生理はいつごろで、じゃあ仕事やディナーのスケジュールはこうして…、といった感じでトライ＆エラーを繰り返しながら、心地のいい状態を模索し続けました。それはまるで、今どんな波が来ているのかを感じて、それにうまく乗るタイミングや方法を見つけるサーフィンみたいな感じ。年齢を重ねるにつれて、もっと自分のこともわかるようになってきたし、使うグッズもバリエーションが増えました。ようやく熟練サーファーになれたか？と思ったら今まで経験したことのない痛みが出てきたり…、で、また学び直したり。終わりのないサーフィンなんだけど、一生付き合っていくものだから、その波の乗り方もずっと変化していくはず。だけど、少しずつでも自分の身体を上手に扱えるようになるのって、とても気持ちがいいことです。

HOW TO RIDE THE WAVES

WOMAN'S BODY

ESTROGEN

PMS

身体は、動かしてみて
はじめて動くってわかる

—— MOVE YOUR BODY ——

身体を動かすと溜まっていた感情やストレスが出てくる

　ヨガを始めたのは2011年。8年も前のことです。仕事で抱えたストレスの軽減と、身体の柔軟性が欲しくて、ちょっと行ってみようかなという軽い気持ちで訪れたスタジオで、今でもずっとお世話になっている野村賢吾先生に出会いました。

　はじめてのヨガは、苦痛と忍耐のスタート。私の身体は動かされることにまったく慣れていなくて、毎回汗をかきながら必死にやってもレッスンについていくのがやっとでした。それでも、続けていくことで身体が変化していき、余計な力も抜けて少しずつ楽にポーズが取れるようになり、同時にだんだんと身体が開いていくような解放感を味わいました。毎週、普段使うことのなかった筋肉を使い、取ったことのないアーサナを行うことで、自分の身体に対する新しい発見や気づきがあるのが楽しくて、気がついたら通いはじめて数年が経っていました。はじめてヨガをしたときに驚いたのは、ポーズを取っているあいだ、その当時の日頃の出来事＝知らないうちに身体に溜まっていたストレスや怒りの感情が出てきたこと。それ以来、ヨガの時間は心身ともに自分と向き合う大切な時間になりました。

　運動を続けるなか、「自分は運動神経が良くないのかも」という思い込みを外すこともできました。いろんなポーズにチャレンジしていくうちに「できないかも」とか「このポーズは怖いかも」という気持ちになることがあったけど、「その気持ちと向き合うこともヨガのひとつだよ」という先生のアドバイスを受けてひとつずつクリアしていく。自分のペースで練習していくヨガが私に合っていたのかもしれません。

　最近では、新しくバレエも始めました。運動を始めたころは、自分がこれだけ動けるなんてまったく思っていませんでした。身体は、動かしてみてはじめて「これだけ動くんだ」とわかるもの。最初は全然できなくても、少しずつ身体が覚えていくもの。この経験が運動以外の普段の生活にも活きているように感じています。

"できないかも"という気持ちと向き合うのもヨガのひとつ

CHAPTER

4.

LIFE STYLE

毎日のこと

We first make our habits, then our habits make us.
—John Dryden
はじめは人が習慣をつくり、それから習慣が人をつくる。
ジョン・ドライデン（作家）

CHAPTER 4　　　　　　　　　　　　　　　　　　　　　　　　　LIFE STYLE

瞑想
めいそう

脳の休憩時間・瞑想

・・・

　前から気になっていた瞑想。昨年独立し、フリーランスとして仕事を始めるタイミングで「環境が変わっても心がザワザワしないようになにかしたいな」と思い、トランセデンタルメディテーション（※超越瞑想＝TM瞑想）を始めました。

　専門の先生に習うのがマストなので、4日間トレーニングを受けて自分に合った響きの言葉＝マントラをもらい、朝と夕方の20分ずつ、心の中でそれを唱える瞑想法です。簡単にその効果を説明すると、机の上が頭の中だとしたら、その上にごちゃごちゃ出ているもの＝思考がひとつずつ消えていくような感じ。特に忙しいときは、「いつまでにこれをやらなきゃ」とか「あの人にメールをしなきゃ」って感じで頭が一杯になりがちだけど、それがひとつずつ頭の中で片付いていく感じがしてリラックスできるし、なんだかクリアになるんです。電車の中や移動中でもサッとできるのも魅力的。

　あとは、顔や目元がちょっとほぐれるような感覚があります。瞑想を毎日行うことで、判断力や計画性がアップするともいわれています。瞑想中は脳全体を使えるようになり、その効果が日常生活にも表れるというデータもあるそうです。

　起きているとき、私たちは絶え間なく頭を使っているけど、脳の休み時間を意識的につくることで、パフォーマンスがグンと上がる感じ。一生使えて、お金もかからず、年齢や環境が変わっても同じやり方でずっとできるのもいいですよね。

　そうそう、瞑想を教えてくれた先生のお顔がフレッシュで、若々しかった！ 純粋なオーラが滲み出ていたのも印象的でした。頭の中の整理整頓、始めてみませんか？

※海外セレブやハリウッドスターも取り入れている超越瞑想。簡単、努力が要らない、自然の3拍子がそろったおすすめの瞑想法です。私が習ったのは、マハリシ総合教育研究所 半蔵門麹町センター。超越瞑想の指導やティーチャーからのフォローアップ、チェッキングも受けられます。無料のTM説明会もあり。
千代田区麹町2-10-10 ☎03-6272-9992

睡眠 —
すいみん

...

スリランカのアーユルヴェーダ施設に行ったとき、毎日22時〜24時のあいだに寝て、6時までに起きるというリズムの生活をしてみて、睡眠は本当にエネルギーをチャージしてくれる大切なものだとわかりました。なぜ22時〜24時のあいだに眠ることが重要かというと、自然のパワーを最大に取り込める時間帯だからだそう。私は先生に「だけど東京にはあまり自然がない」と言いました。すると先生に「世界中どこにでも自然はあるよ」と返されました。とてもハッとさせられる一言でした。そもそも朝がきて日が暮れること、日本には四季があること、これもすべて"自然"だったんです。毎日の睡眠は自分のトリートメントタイム。その時間を大切にして自然の力を取り込むことで、起きているときの自分も変わってくるはず。

CHAPTER 4　　　　　　　　　　　　　　　　　　　　　　　　　　　　　　　　　LIFE STYLE　　Sleep

[左]身体を心地よく包むオーガニックコットンキャミ。締め付け感も気にならないのがうれしい。部屋着をいいものにしてみるのもセルフケアの新提案！［右］意外と見落としがちな枕カバーも、いいものを使うと眠りの質がグッと高まります。肌に触れるふわふわのタオル部分はオーガニックコットン100％。

【1】置いているだけで意識がスローダウンし、眠りを誘うイランイランベースの香り。部屋にいる時間の質がグンと高まるような、心地よく心身をほぐす香りです。長時間嗅ぐことで心地よい日覚めに導きます。【2】カモミールやサンダルウッドなど、神経を鎮静させ心地よい眠りへと導く香りのブレンド。寝る前に鎖骨の周りにつけたり、お風呂に数滴入れて寝る前のリラックスした身体作りにもおすすめ。脳の疲れも和らげてくれます。【3】寝る前についスマホを見てしまう、考えが巡ってしまうときに。ベッドに入るときに数滴舌に垂らすだけで、すぐに睡魔のお迎えが…。眠ることに自然と集中でき、起きたときにすっきり。【4】余分な力を抜いたり、緊張を取ったり呼吸を深くする香り。就寝前のリラックスタイムに、直接鎖骨の周りや肩、みぞおちなどほぐしたい部分に塗り込みます。

Left　【1】ザ パブリックオーガニック ホリスティック精油ディフューザー クリア アウェイク 180㎖ ¥15,000（カラーズ）【2】ソープトピア エッセンシャルオイル スリープタイム 10㎖ ¥4,300（ソープトピア新宿フラッグス店）【3】パッチ レスキューナイト 10㎖ ¥2,400（ブルーマインターナショナル）【4】SHIGETA スウィートドリーム 15㎖ ¥5,000（SHIGETA JAPAN）

Right　［左］綿天竺カップ付キャミソール ¥5,000　［右］超甘撚タオル ピローケース ¥8,900（ともにテネリータ）

change MIND
fragrance item

マインドまで変える、香りもの

(1) brand. L:A BRUKET
(2) brand. Soaptopia
(3) brand. reMio
(4) brand. reMio

CHAPTER 4　　　　　　　　　　　　　　　　　　　　　　LIFE STYLE　　Fragrance Item

(5) brand.
THE PUBLIC ORGANIC

(7) brand.
de Mamiel

brand.
SHIGETA

(1) diffuser 202 coriander
ディフューザー 202 コリアンダー
深くてほのかに甘い香りが部屋全体に広がるディフューザー。コリアンダーとミントか、明るい気持ちにさせてくれるスパイシーな香りです。シンプルなデザインで部屋にもなじみます。200㎖ ¥7,500(フ・ブルケット)

(2) Essential Oil
精油 センシュアライズ
身体をあたため、緩めるオレンジ、イランイラン、パチュリのブレンド。女性のバイオリズムで起こる不調にも効果を発揮します。PMSのイライラにもおすすめ。お風呂に入れるとふわっと安らぐような香りが広がります。10㎖ ¥4,300(ソープトピア新宿フラッグス店)

(3) Calendula Oil
カレンデュラ オイル
ずっと嗅いでいたくなるような深いカレンデュラの香り。明るい気分にさせつつ、身体をあたためます。女性ホルモンのエストロゲンに似た成分を持ち、女性特有の不調やバストケアにもおすすめ。30㎖ ¥3,700(レミオジャパン)

(4) Neroli
ネロリ
手首に1滴だけつけて出かけると、男女問わず「いいにおいだね、なんの香り？」と必ず聞かれる好感度大の精油。きつくにおうことのない、高貴でやさしく、上質な香り。香水がわりに。3㎖ ¥7,000(レミオジャパン)

(5) Body Oil
精油 ボディオイル
シダ・ウッドやマジョラムなど、心身を落ち着かせつつ血行を促進させる香りのボディオイル。ひとつひとつの精油はマニアックなのに、香りのハーモニーで使いやすく仕上がっていて、リーズナブルなのもうれしい。腕や足などのデイリーマッサージにぜひ加えて。90㎖ ¥1,600(カラーズ)

(6) Sweet dreams
スウィート ドリーム
睡眠のパートでも紹介したアイテム。肩の力を抜きたくなったらこれ。みぞおちや肩まわりに。15㎖ ¥5,000(SHIGETA JAPAN)

(7) Altitude Oil
アルティテュード オイル
風が抜けるようなさわやかな香り。乗り物のにおいが気になる方や、花粉の時期にもピッタリ。呼吸器系をすっきりさせるクリアな使い心地です。マスクにつけたりお風呂に入れたり、マルチに使えます。10㎖ ¥6,500(キャンドルウィック)

(2) brand.
amritara

(1) brand.
Soaptopia

(3) brand.
Janark Japan

(1)
Deluxe Super Soft Body Brush
デラックス スーパー ソフト ボディブラシ

気になりがちな二の腕、背中、ヒップなど、身体のあらゆる部分の角質を取り、ツルツルに仕上げてくれるボディブラシ。肌を刺激しすぎず、触り心地のよいすべすべな仕上がり。面が大きいのでとても使いやすい一品。¥4,800（ソープトピア新宿フラッグス店）

(2)
Himaraya Bath Salt
ヒマラヤ岩塩バスソルト

手先までじわじわあたためてくれる本気系バスソルト。コスパがいいのも魅力。身体を内側からあたためて疲労回復を促してくれます。足のむくみ、背中のこわばりにも効果的。520g ¥1,800（アムリターラ）

(3)
Release Bath B
リリースバスB

身体にエネルギーを与えるフラワーエッセンスがブレンドされた入浴剤。疲れた身体の内側の巡りを整え、活力を復活させます。お風呂に入れるほかに、綿棒につけてこめかみや耳のツボを押すと最高に気持ちいい。30㎖ ¥3,000（シンシア・ガーデン）

P.100 ___ 101

CHAPTER 4

LIFE STYLE

Bathroom Item

Soaptopia
Body Brush
amritara
Himaraya Bath Salt
Janark Japan
Release Bath B
fleur de fatima
Innocent Body Wash
L:A BRUKET
Sea Salt Scrub Wild Rose

美を蓄える
お浄めスポット
＝バスルーム

（4） brand.
fleur de fatima

（5） brand.
L:A BRUKET

BATHROOM ITEM

（4）
Innocent Body Wash Savon Noir
イノセントボディウォッシュ サボンノワール

肌のベタつきを抑え、清涼感を与えてくれるボディソープ。モロッコ美容の黒オリーブ石鹸からヒントを得たアイテムだそう。毛穴までさっぱりさせてくれるスース一感がお気に入り。280㎖ ¥3,200（ファティマ）

（5）
Sea Salt Scrub Wild Rose
シーソルトスクラブワイルドローズ

塩のスクラブで肌を磨き、引き締めながら、オイルで保湿も叶えるアイテム。伸びもいいのでお尻や太もも、二の腕など広い範囲の気になる部分にも使いやすい。バラの花びら入り。350㎖ ¥5,500（ラ・ブルケット）

CHAPTER

5.

TRAVEL

旅でパワーチャージしよう

The real voyage of discovery consists not in seeking new landscapes, but in having new eyes. — Marcel Proust
発見の旅とは、新しい景色を探すことではない。新しい目で見ることなのだ。マルセル・プルースト（作家）

CHAPTER 5 TRAVEL

旅にはタイミングとテーマがある

• • •

　小さいころから海外に興味があって、父親の海外出張のお土産を眺めたり、テレビのNY中継を楽しみにしたり、『世界の車窓から』を見てワクワクしながら「私もいろんなところに行ける大人になりたい」と思っていました。

　そして、たくさんの場所に行ったことがある大人に会うと、漠然とですが憧れていました。

　今、たくさんのところに行けるようになって感じることは、「旅にはいつもタイミングとテーマがある」ということ。旅って、一緒に行く人とのタイミングが合わないと一緒に行けないし、行く場所もなんとなくそのときの自分にフィットしていないと「行こう！」とはならないもの。

　本当に外の世界を知りたくて、海外に行ってみたくて、結果的に旅がオーガニックコスメとの出会いをもたらしてくれたし、あらゆる意味で、今の自分を作る要素を与えてくれました。

　いつも旅に行くときは、「どんな旅になるのかな」とイメージしながらホテルを選んだりパッキングをするのが、私の楽しみのひとつ。ひとり旅でも、誰かと行く旅でも、そこに「行くことになる」って、なにかすごく大きなご縁があると思うんです。

　ひとり旅のときは、旅の途中で「自分の今後についてのひとり作戦会議」みたいなことを心で繰り広げていることも多いし、そのときの自分に必要なものや人が不思議と集まってくるから、現実世界でゲームをしているみたいでなんだか面白い。

　誰かと行くときは「あのとき楽しかったよね」ってずっと言い合える思い出ができることがうれしい。家族でも友達でもパートナーでも、いつもと違う場所で一緒に時間を共有すること自体が大切な財産になる。

　計画したこと以外の出来事が起こるのが旅。外に出ることで自分のあらゆるフタが外れてそのときを楽しむことができる気がして、やっぱり大好きなんです。

　まず第一歩としては、「ここに行ってみたい」と希望を持つことが最も大切。

　足の悪い母が、自分で「行きたい」と希望を持ち、家族みんなで協力してハワイのビーチに行けたとき、とっても感動しました。どこかに行きたいという気持ちそのものを持ってくれたことがうれしいし、その希望が毎日の生活の楽しみになっていたんです。

　そして、その国々の文化や生活を見ることも大好き。各国のオーガニックコスメには、作られた土地の文化やエネルギーが詰まっています。だからこそ、いろんな国や場所に行ってみたい。世界にはまだまだ自分の知らないことがいっぱいあります。もっともっと知らないところを旅していきたいな。

LOVE TRAVELING

PART 01

今より大きくて、自由な自分になりたいなら
LOS ANGELES

LOS ANGELES

CHAPTER 5 TRAVEL

LA BEAUTY TIPS LOS ANGELES / BEAUTY

LA FAVORITE SHOP / 01

goop

LAでいろいろなショップを回って、一番楽しかったのがgoop。ライフスタイルにまつわる素敵なものがジャンルを越えてたくさん並べられています。ビューティーコーナーも充実し、goopオリジナルのスキンケアライン「goop beauty」も気になる！LAらしくクリスタルを使ったアイテムや、エレガントなお洋服まで、ずっと見ていても飽きないラインナップ。スタッフの人たちも楽しそうに、フレンドリーに接客してくれます。225 26th Street, Suite 37 Santa Monica,

Life Style Shop

いつもの旅コスメ
—— Travel Cosme

旅コスメのパッキングは、なにがどこにあるか一目瞭然な、中身が見えるものを使います。ジップロックや、透明のポーチがレギュラーのアイテム。メーク、デイリースキンケア＆ヘアケアなど、カテゴリー別に分けて入れるのが断然おすすめ。ジップロックなら、機内持ち込み用にもそのまま使えて便利。泥パック、香りもの、移動の疲れや電磁波に効くフラワーエッセンスは旅の必需品。旅先でもすぐ調子を整えられるようなアイテムをセレクトしています。

CLEAN EAT &

Cold pressed Juice!

LA FAVORITE SHOP　　　　/ 02
BEVERLY HILLS JUICE
8382 Beverly Blvd, Los Angeles, CA90048

Have a delicious juice!

ステーキハウスの息子として生まれたデービッド・オットーが、ヴィーガンになることを決意し、1975年に誕生したコールドプレスジュース専門店。作りたてのフレッシュなジュースを毎日提供し、ローカルからハリウッド女優やセレブまで多くのヘルシーピープルに愛される名店。80歳を超えるデービッドもとても元気！ 日本では「DAVID OTTO JUICE」として、千駄ヶ谷、京都でその味を楽しむことができます。(@davidottojuice)

CHAPTER 5 TRAVEL

DRINK in LA

LA FAVORITE SHOP / 03
Kippy's COCO-CREAM
245 Main St #3d, Venice, CA90291

Delicious ice cream!

2010年にヴェニスで生まれた、乳製品、砂糖、グルテンを一切使用しないアイスクリームショップ。ヘルシー系のアイスだけれど、ココナッツや生ハチミツなどの甘みが効いていて、満足感たっぷり。LAの気候にマッチした美味しいスイーツです。お腹にたまる感じもないのに美味しくて、ギルティフリーな味が楽しめます。日本では千駄ヶ谷に路面店が！(@kippyscococream)

LA FASHION SNAP

One-Piece _ EQUIPMENT

Shirt _ EQUIPMENT
Bottoms _ MOTHER

Tops _ EQUIPMENT

CHAPTER 5　　　　　　　　　　　　　　　　　TRAVEL

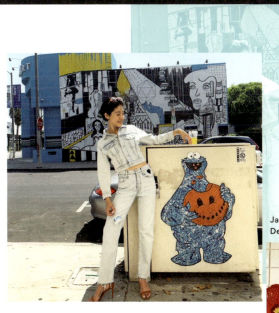

Jacket＿MOTHER
Denim＿MOTHER

Tops＿DEMYLEE
Denim＿MOTHER

Tops＿MOTHER
Bottoms＿MOTHER

LA FASHION SNAP

Jacket _ MOTHER
Denim _ MOTHER

Shirt _ Frank&Eileen
Denim _ MOTHER

Shirt _ Frank&Eileen
One-Piece _ EQUIPMENT

お問い合わせ先：サザビーリーグ 03-5412-1937

CHAPTER 5 TRAVEL

Shirt＿Frank&Eileen
Bottoms＿MOTHER

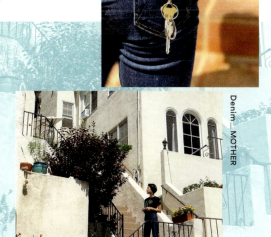

Denim＿MOTHER

Shirt＿EQUIPMENT
Bottoms＿MOTHER

ARTな撮れンディ SPOT

LAに行ったら友達や恋人、家族と楽しく素敵な写真が撮りたい！ということで、みんなで楽しめる、撮れ高多めな「撮れンディSPOT」をレポート。アートやカルチャーを楽しむのも旅の醍醐味。LAに行ったらぜひ訪れてみて。

1 The Museum of Selfies

セルフィーのために作られた美術館。ハリウッドの中心地にあり、アクセスも簡単。これぞアメリカのエンタメ！的な笑える楽しい写真がたくさん撮れるセットがいっぱい。（@themuseumofselfies）

CHAPTER 5　　　　　　　　　　　　　　　　　　　　TRAVEL

[2] THE LAST BOOKSTORE

ダウンタウンにあるディスプレイも楽しい本屋さん。アートブックに始まり、様々な本やレコード、絵本などがぎっしり。新刊はもちろん、古本もストックしています。インスピレーションを拾いにゆっくり訪れたい場所です。（@thelastbookstorela）

[3] Museum of Neon Art

LAの中心地から少し離れたグレンデールにある、ネオンサインのミュージアム。1920年代から80年代まで、ロサンゼルスのあちこちで実際に使われていた、ネオンサインや若手アーティストの作品も展示。お土産ショップも楽しい。（@museumofneonart）

I LOVE TRAVELING

PART
02 エネルギーがうごめくパワフルタウン
NEW YORK

20歳で初めてニューヨークに行ったとき、地下鉄を抜けた瞬間に首につけていた天然石のネックレスがパリン…、と音を立てて割れました。そのくらいエネルギーの強い場所なんだな…、と思ったのを覚えています。いろんな人種の人が暮らしていて、世界中の面白いものが集まっている、人の活力やバイタリティに溢れた場所。コー↗

CHAPTER 5 TRAVEL

NEW YORK

ナーを曲がったらなにが起こるかわからない街ともいわれるくらいパワフル。訪れるたびに興奮して眠れなくなります（笑）。でも自分にパワーが欲しいときには、良いカンフル剤になってくれる場所。私にとっては、オーガニックコスメに出会わせてくれた運命のランデブータウンです。刺激やスパイスを求めるタイミングでぜひ。

LOVE TRAVELING

PART 03 みんなが笑顔になる癒しの島
O'AHU /HAWAII

O'AHU

@indigoelixirs
@queenkapiolanihotel

@downtoearthhi

@coffeetalkhawaii

Welcome to paradiseという言葉がぴったりなオアフ。どんな年代の人でも一緒に楽しめる居心地の良さが魅力的で、みんな大好きな島。ひとりでも、彼とでも、家族とでも行きやすいところです。ワイキキ内ならBIKIでどこへでもサッと移動可能。いるだけでエネルギーに癒されますが、ローカルなコスメやカフェなどを巡るのも楽しい。ハンドメイドのナチュラルコスメもたくさんあるので、ぜひLOCALと書いてあるものをチェックしてみて。

CHAPTER 5　　　　　　　　　　　　　　　　　　　　TRAVEL

LOVE TRAVELING

PART 04　新たなものが生まれる、活動的な島
BIG ISLAND/HAWAII

BIG ISLAND

「ハワイ島は、人生のターニングポイントで訪れる人が多いんだよ」と、ハワイ島在住の友達、Junka(じゅんちゃん)が言っていたのがとても印象的だったビッグアイランド。今でも火山が活動し、常に新しいものが生まれるエネルギーに満ちたハワイ島はなにかを変えたい人、もしくは無意識にそんな風に思っている人が惹かれる場所なのかもしれません。私はここに初めて行った直後に独立が決まったかも…！ ボルケーノや、王族の谷と呼ばれるワイピオ渓谷など、宇宙のエネルギーを感じる場所もたくさん。言葉を超えたなにかがそこにあると思います。

I LOVE TRAVELING

PART
05

女性らしさが自然とアップする街

PARIS

PARIS

パリは行くだけで女性がきれいになれる街。美しい景色や庭園、アロマやフィトテラピーの文化を体験できるのはもちろんのこと、おしゃれをしている女性を男性が必ず声をかけてほめてくれる文化がとても素敵。ビューティに対してもモチベーションが上がる旅先です。コスメ、ファッションをはじめとして、ランジェリーなど女性のためのカルチャーが詰まっているのも見どころ。大人になればなるほど楽しめる街だと思います。ボンマルシェなどのデパートや、パレロワイヤル近くのエルボリステリア（ハーブ薬局）は必ず立ち寄るポイント。

CHAPTER 5   TRAVEL

LOVE TRAVELING

PART 06

静けさの中で、自分を見つめ直す旅に
SWEDEN/FINLAND

SWEDEN
FINLAND

Hyvaa ruokahalva!

@nordiskamuseet

まだメジャーではない北欧。でも意外と10〜12時間で行けて、日本では見られない美しい景色がたくさん見られます。外の景色を楽しむならサマータイムがおすすめ。日の長い白夜もエキサイティングな体験です。ヨーロッパの中心地に比べ、落ち着いていて自然が多く、空気がとてもきれい。インテリアなど「おうちの中の文化」が発展しています。冬はとても寒いけれど、澄んだ空気の中で美しい建築や景色を楽しめます。パンやリンゴンベリーなどの果実、サーモンなど美味しいものもいっぱい。一度は訪れてほしい静けさと美しさの国です。

LOVE TRAVELING

PART 07 アーユルヴェーダで出会ったことのない自分に
SRI LANKA

SRI LANKA

@heritancehotelsandresorts

「光り輝く島」という意味のスリランカ。自然が多く残り、アーユルヴェーダでも知られる島ですが、その他にも宝石、紅茶、スパイス、建築家ジェフリー・バワの建物など見るもの、楽しめることがたくさん。満月の日はポヤ・デーといってお酒を飲まないという習慣があるように、自然と共存する文化が残った国です。仏教が広く普及し、やさしい人が多いのも特徴。夕陽や、野生動物ウォッチも楽しめます。アーユルヴェーダの施設で受けたトリートメントは、生命力が回復し全体的に免疫力がアップした気がしました。何年かに一度は訪れたいです。

CHAPTER 5　　　　　　　　　　　　　　　　　　　　　　　TRAVEL

LOVE **TRAVELING**

PART
08　インスピレーションが欲しいときは
BALI/UBUD

BALI

インスピレーションが欲しいとき、リセットしたいときに訪れたくなるのが自然の多い島。バリ島のウブドは、ヨガやサーフィン好きにも知られる土地ですが、山のおこもりステイにもとてもおすすめ。今年のお正月に、友達と二人でホテルでひたすらくつろぐ、山ごもりの休息の旅をしてきました。ソトアヤムやナシゴレンなどバリ島の料理はヘルシーで美味しい。できるなら新月か満月のタイミングで行くのがいいかも。動き回るアクティブな旅もいいですが、スピリチュアルな気の漂うウブドでひたすらリラックスした時間も過ごしてみてほしいです。

That's my choice

猫は付き合う相手や自分の環境を選ぶ

2017年の秋に、初めてオレゴン州ポートランドに行きました。ポートランドはアメリカでも住みやすい都市といわれていて、豊かな自然があったり、消費税がなかったり、小さな子供を育てる都市に選ぶ人も多い街。DIYやオーガニックなどの文化も根付いている場所です。

そのとき、私は方向転換の時期でした。今の仕事を続けるか、転職するか、フリーになって自分で仕事をするか…。本当はどうしたいのかな？ということをゆっくり考えるために、そして気分を変えるため、都会すぎず田舎すぎない美しい場所を求めて、ポートランドに行くことを決めました。

ちょうどLAから帰ってきていた友達がポートランドに住む友人を紹介してくれて、彼らが私の旅行期間中、自宅を不在にするという偶然も重なって、お家を貸してもらうことになりました。会ったこともない私に家を貸してくれるなんて！ ポートランドってとてもピースなところなのかも…、と期待を胸に抱きつつ、現地に向かいました。

家を借りるときの条件は、2匹のベンガル猫の面倒をみること。猫と生活したことがなかった私は、飼い主の書いてくれたメモに従って、毎日餌をあげたりトイレの世話をしたりして過ごしました。2匹の猫も最初は警戒していたものの、少しずつ慣れていきました。3日目くらいになると、もう可愛さにメロメロ。そして、猫と一緒に暮らしているうちに、いろいろなことがわかってきました。

一緒にいると、猫は常に自分の快適さを追求していたのです。日向ぼっこをしながらゴロゴロしたり、布団をふみふみしたり、触ってほしいと

さは近づいてきたり、そっとしておいてほしいときはどこかに行ってしまったり…。動物との生活ですっかり癒された私は、何日目かにリビングで猫とごろごろしているとき、自分のなかである答えを出すことができました。

「私も、自分にとって快適な環境を追求していい」

そうすんなり閃いて、「これからどうしたいか」ということが自分のなかで決まり、その1カ月後には仕事を辞め、新しい暮らしの準備を始めました。今思えば、猫のいるお家を借りることになったのも偶然じゃなくそういうタイミングだったのかなと思います。

外の環境に違和感や不満があれば、罪悪感なく自分にとって快適な環境を「選ぶ」こと。居心地のいい場所は自分でつくること。ときを同じくして読んだ、猫に学ぶ人生哲学を描いたフランスのベストセラー、『猫はためらわずにノンと言う（仏題:Agir et penser comme un chat)』によると、「猫は仲間を選んでいる。（中略）考えてみれば、付き合う人、ともに時間を過ごす人、ともに生活をする人、そして好きになる人を選ばなければいけないのは当然のことだ」とありました。自分の環境を快適にすることは、自分で選択していいし、それが結果的に自分自身に責任を持つことにもつながる。

本当は猫アレルギーの私が学んだ大切なメッセージです。

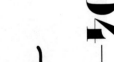

CHAPTER

6.
PERSONALITY

自分を作ってくれたもの

Certain things catch your eye, but pursue only those that capture your heart.
— Native American

「ある事柄があなたの目を惹きつけるだろう。だが心をつかむものだけを追い求めなさい」
ネイティブ・アメリカンの言葉

01

好きなことは変わったことでも追求しよう

...

本当に好きなものを、コラムやSNSなどを通して、自分の言葉で伝えるのが、今の自分自身のあり方や仕事ですが、10代、20代、いや、独立する直前まではこんな形になるなんてまったく見えていませんでした。

昔から私は、「将来の夢は?」と聞かれることを
最高にストレスに感じる子供でした。

適当に今まで聞いたことのある職業、たとえば「ピアノの先生」とか、「お花屋さん」とか、思いつくままに言ってみるけれどなにかが違う。そもそも、どうして大人たちは今ある職業のなかから選ばせようとするんだろう? 世の中に知られていない職業だってまだあるはずなのに…、「今の自分の枠」で考えた職業に当てはめて考えるのって嫌だな…と思っていました。

my past

中学生のときは、「やりたいものがないし、それに時間を使いたくない」という理由で部活に入るまで時間がかかり、高校卒業のときには「本当に行きたいと思える学校がないから1年くらいフラフラしたい」と言って親を困らせました。結局、父親が悲しそうな顔を見て、受かっていた学校に通うことにしました。 そもそも、美容が好き、ということがわかっているだけで、美容師になりたいのか、メークアップアーティストになりたいのか、はたまた別の化粧品の仕事なのか…。世間知らずな18歳の自分が大切な進路を決めることなど無理だと思っていました。結局、学生生活で友達との楽しい時間は味わえたけど、どこか自分の気持ちに反していたので、美容師は半年しか続きませんでした。

...

　今その当時を振り返って考えれば、オーガニックコスメや美容、占星術、そして海外のカルチャーに触れたりコラムを書くことなど、今の私をつくる要素は、義務教育や親元を離れるまではタイミング的に出会うことが難しいものだったから、進路を決めることに戸惑った自分が理解できます。でも当時は、よくわからないまま「私の身の回りにあるものはなにかが違う」と思っていて、その話を理解してくれる大人もいませんでした。

　そして、そういう感性を持ち、

なんとなく社会の流れに合わせて
人生を決断できない自分がコンプレックスでした。

　大人になって自分で生活をし、素直に好きなものや好きな人の周りに身を置くようになってから、自分の興味のあるものにたくさん触れられるようにはなりました。だけど私が本当に興味を持てたのは、星の動きやシュタイナー理論など、万人に求められるようなメジャーなものではなかったので、細々と本で勉強しつつも「私は楽しいからやってるけど、この知識って誰が喜ぶんだろう？」と内心思っていました。

Who I am

CHAPTER 6   PERSONALITY   #01

out of the box

・・・

　それでもやっぱり調べたり追求しているとワクワクするんだよな、と思いながら勉強を続けていると、占い師のジョニー楓さんとの出会いなど、好きなものにひもづいた人やもの、情報や出来事が、たくさん自分に流れ込んでくるようになりました。そんなある日、ある年上のライターさんにランチをしながら星占いの仕組みの話をしてみると、とても興味を持ってくれて、「それでそれで？」と楽しんで聞いてくれました。その頃から、「あ、こんなに変わった知識でも楽しんでくれる人がいるんだ」とうれしくなって積極的に人に話すようになり、それが「#星ちゃんねる」や、雑誌で月美容の特集をやらせてもらうことへとつながっていきました。

いつどこで、誰が反応して、なににつながるのか。

　これって最初からは見えないけど、自分が楽しいこと、喜んでやれることを続けていけば、必ずなにかにつながると思うんです。20代のとき周りにいた、"自分を生きている"感じのかっこいい大人はみんなそう言っていて、当時の私は半信半疑だったけど、これは本当でした。

　やりたいことが今この瞬間にわかっていなくても大丈夫。人によってタイミングは違うけど、探していれば必ず訪れる。なんでもいいから、自分の気になることや好きなこと…、たとえそれが、人から見たら「それ、いつ使うの？」という感じのことだったとしても、説明できなくても大丈夫。人生は良い意味でなにが起こるかわからないので、好きなことはどんどん深掘りして、見えない可能性を追求することをおすすめします。

＃02

人にはそれぞれ才能がある・ダルマの話

・・・

「自分」というものを考えるときに欠かせないのが
この「ダルマ」の話。

　インドの伝承医学、アーユルヴェーダでいわれる「ダルマ」とは、簡単
にいうと、「自分の体質や気質に合っていて、それをすることで自分自身
が成長し、ほかの人にも役に立つ行い」のこと。よく「使命」といわれ
たりしますが、そんなにかっこいい大きなものじゃなく、もっと身近な
ものの場合もあります。

　自分自身が「自分のダルマ」という道を走るための「車」だとしたら、
生まれ持った気質や個性は、ちゃんとその道を走るために備わった機能。

　思ったことをすぐ言葉にするのが得意な人、そうでない人、あらかじ
め段取りをしっかり決める人、やってみてから考えるほうがうまくいく
人など、それぞれ「個人レベルでの気質や体質」は、その人自身の「ダ
ルマ」を行うために必要なものがあらかじめ備えられている、という考え
方です。

CHAPTER 6   PERSONALITY   #02

You are Gifted

　自分と人との違いでみんな悩んだりするけれど、もともと備わっている個性は、実はダルマを行うために必要なもの、と考えると、自分の生まれ持った性質にそもそも意味がある感じがして素敵だと思いませんか？その「ダルマ」は自分で見つけることもできるし、プロの手を借りてヒントや情報をもらうこともできます。私は医学博士の蓮村誠先生が開いているクリニックで、脈診を用いたダルマチェックの診断をしてもらいました。結果は、「そうだよね！」ともともと自覚していた面もあれば、自覚していなかったけれどたしかにそうかも、と思える部分もあり、確認と発見がありました。

　そのとき蓮村先生が発した言葉が自分のなかに残っています。

「才能っていうのはね、
どれだけ自分の気質と体質に近づけたか、っていうことなんだよ」

　無理をせず、自分を否定することなく、自分に合ったやり方、ステージが自分を　曽伸ばしてくれるんだ！となにかが開いたような感覚でした。たまに思い出したようにそのときの問診票を見返しては、自分の地図を眺めるように「うんうん、そうだそうだ」と確認しています。

　今は渋谷にあるコトハ東京PVPクリニック（※）の「ミコト診断」という診察で受けることができるので、興味のある方はぜひ。

※コトハ東京PVPクリニック　渋谷区松濤2-2-17 ルシマン松濤301　☎03-3460-0817
⏰9:00〜12:30、13:30〜17:00　㊡月、日　https:// kotoha.clinic

#03

本当に欲しいもの、それを邪魔する自分を見つめよう

ふと思い出したときに見返すノートがあります。それは「アバンダンスノート」と言って、「アバンダンスプログラム」という22日間のプログラムをやったときに自分の想いを書き出したノートです。見返すと「うわ〜!」という気持ちになる恥ずかしいものですが、落ち着いて読めば、そこに書き出したたくさんのことが叶っていることに気がつきます。そして、自分のなかの「想い」が欲しいものを受け取ることの妨げになっていることにも気がつけます。自分では意識していない思い込みが、実はあったりするのです。これは、あらゆる意味で自分の深い部分の想いを再発見するプログラム。

I deserve more

そのプログラムで使うアバンダンスノートには、自分が本当に欲しいものや、痛みとなっている経験、自分が無意識に信じていることや、これからどうなりたいかなどを書き出していきます。いわば自分と向き合って本当に欲しいものをはっきりさせていく、自分の内面の整理整頓をするようなものなのですが、書いていると意外なものが出てきたり「私ってこんなふうに思っていたんだ」とびっくりすることも。でもそれをやっていくことで自分自身が整理されていき、「こうなったらいいな」と願ったことがプログラム中に叶ったこともあります。自分のなかを整理していくとスペースが空いて、本当に欲しいものがその空いたスペースに入ってくるようなイメージです。

※アバンダンスエッセンスを朝夕11滴ずつ摂取し、アバンダンスオイルを11滴入れたお風呂に毎日入りながら、日ごとに設定された書き出しワークを22日間行う。アバンダンスプログラムキット ¥14,857(ネイチャーワールド)

CHAPTER 6   PERSONALITY

その作業はひそかな自分との会話です。
自分の心というクローゼットになにがあるのか、
明かりで照らして、中身を再確認するようなものです。

普通に生活していては気がつけないような発見がたく
さんあって面白いので、自分自身の棚卸しとして、年に2
〜3回、思いついたとき、なにか停滞を感じるときに取り
入れています。この本を読んでいるみなさんにも、ぜひ
一度取り入れてほしいワークです。

＃04

人から言われた言葉を越えていく

• • •

みなさんは「人から言われたこと」を自分のなかでどのくらい大切にし
ていますか？ 自分を応援してくれる言葉も、そうではない言葉も。私は、
今の自分になるまでの道のりで、ターニングポイントというか、自分のなか
で流れを変えるきっかけになった言葉がいくつもありました。そのなかの
ひとつが、堅実な両親から良かれと思って言われていた「フリーランスは怖
い」という言葉。たしかにある面から見たらそうだけど、明らかに私にとっ
てはその方向に進むタイミングで、あとは自分のスイッチを入れるだけとい
う状況だったのに、この言葉が自分のなかでストッパーになっていました
（というのもアバンダンスプログラムで書き出してみて気がつきました）。

Catch a wave

・・・

なのでまず、自分がそれを内面にインプットしてしまっていると自覚して、逆にそれを越えていこうと思いました。自分がその言葉を受け取ってしまっていては、それ以上になれないと思ったのと、どこかに「親の言ったことを越えてみたい」という気持ちがあったからです。両親のことはとても大好きだけど、自分とは別の人。iPhoneだってどんどんアップデートする。だから同じ家族でも私は中身をアップデートしてみたい、そして彼らが見たことのない景色を私は見てみたい、自分が塗り替えれば、なんだか家族全体もバージョンアップする気がする、とうっすら決心しました。そんなことを考えているとき、友人から「あっちゃんは今大きなボールの上に乗っていて、一歩踏み出したらいろんなことが回り始めるんじゃない?」と言われたり、

「君には今、波が来ていてそれは乗る価値のあるものだと思う」

と、しっくり来る言葉が引き寄せられるように集まってきました。

一見ネガティブに聞こえる言葉も、自分の燃料に変えられる

まだ会社員のころ、少しずつ私個人にいただく連載や取材が増えてきて自分の表現したいものが見えてきたとき、当時の上の人から「この仕事や依頼が来ているのは福本さんの個性や魅力に対してではなく、ブランドに対するものだと思っていました。なので誰が出るかはこちらで決めます」。と言われたことがあります。

「え?」。言葉からにじみ出る意地悪ななにかに、今思えば普通に傷つきました。

それを私に言うのって、どんな気持ちなんだろう。そもそも取材って、オファーをする側の人たちが会議をして、誰に出てほしいか選定してから依頼が来るはず。動揺した私はすぐにお世話になっていた編集部に電話をして、「すみません、取材や連載の依頼は私が大きなブランドにいるからあるだけ、と言われたのですが、もし私の状況が変わっても今の連載を続けてもいいですか?」と聞きました。すると担当の方は、2秒で「あ、いいですよ」と返してくれました。それは、「ちょっとお醤油取って」「はい、どうぞ」、くらいの速さの返事でした。その返事が、そのときの私にとってのすべてでした。

私は、私のことを信じてくれる人と頑張りたい。
そして、もし一見正しそうな理由で自分を否定したり、
制限されるようなことを言われたら、
本当にそうなのか、自分のやり方で確かめればいいんだ。

その言葉はあとで考えると、お尻に火をつけてくれた逆にありがたい言葉だったのかもしれません。そして、相手は相手の「正しさ」を追求しただけだったのかもしれません。

人から言われた言葉は、それがどんなものでも"どう反応するか"を自分で選ぶことができる。

否定的な言葉は無理に受け入れないで自分を進化させる燃料に変えていい。

そして、その言葉を越えたとき、新しい自分に出会えるのかもしれません。

#05

やっぱり直感は裏切らない

feeling

• • •

　なにかを決めるとき、いろいろ迷ったりして「あの決断はどうだったかな」なんて思ってみたりするけれど、結局最初に感じたことが一番正しい。その"ちょっとのサイン"を見逃しちゃいけない。心でわずかに感じるフィーリングって、微量で言葉で説明できないものだったりするけど、実はとても確実。一般的に…とか、現実的に考えて…とか、人と比べてどう…とかを超えたところで、自分が自分に発しているサインなんです。大切なのは、それがまだ形を持っていない段階で、その自分のフィーリングを信じてチョイスできるかどうか。少しでも「ん？」と思ったら心のなかで確認を。

Goのとき

見ててワクワクするな／話したあと、いい気持ちになる／なんだか会いたくなる／
考えるだけでうれしい／タイミングよく進む／条件は良くなくてもなぜだかやってみたい

ちょっと待って、要確認のとき

話したあとモヤッとする瞬間がある／なんだか首をかしげる／
頭で考えると理解できるが釈然としない／重い感じがする／消耗する／フィット感がない

　フリーで仕事をするようになってさらに、直感ってとても大事だなと感じることが増えました。自分のフィーリングを大事にすることは、自分を尊重することと同じかも、と今は感じています。同時に条件や頭で考えて選んだことは、あとになって最初に感じた「ん…？」という違和感が現実になりやすい。そうなると自分自身がうまく回らないから、人にいい影響を与えるような仕事はできなくなる。でも直感に従って選ぶと、自分も楽しいし、周りの人も喜んでくれるから良い結果が出せる、と信じています。直感は人に説明できないけど、少し先の未来を自分が知っている、感じているというサイン。ちょっとしたフィーリングに従えるかどうか、信じられるかどうかはとても大切だと思っています。

＃06

嫌な気持ちは極力捨てる努力を。
「明日いいことあったらどうしよう」

• • •

「嫌な気持ちは自分自身を滅する」。35歳になった今、人間関係や仕事や恋愛を通して学んで、ようやく自信を持って言えるようになった言葉です。嫌な気持ちやストレスを持つと、それが自分の毒になる。それで病気になったり体調を崩したりもする。人間だから嫌な気持ちになるのは自然なことだけど、それを長引かせないのが大切。以前、ストレスに感じていることを真面目に考えすぎて、「ピュリファイング（浄化）」というフラワーエッセンスを飲んだら、普段は絶対にあたらないカレーで食あたりになり、高熱が出て3日くらい強制的に休まなければいけなくなったことがありました(笑)。無理やりにでも頭を空っぽにする時間ができて、「あ、私は自分の気持ちで自分を燃やしちゃったんだ」と思いました。

究極のところ、自分を痛めつけてまでやらなければいけないことなんてないのでは？と思うんです。やりたいことで発生する忍耐やチャレンジと、自分を痛めつけるような我慢は基本的に質が違います。自分が極力嫌な気持ちにならない環境や関係を選択していくことは、「ちゃんと自分の人生を選ぶ」という責任を持つことであり、スマートに生きることのような気がしています。

人と比べて自分が持っていないものを探すのって、人間の癖だと思うんです。でも最近になって常に思っているのは、今「ない」ことで悩んでいるものが、明日いきなり手に入るかもしれないということ。それは誰にもわからない。そう逆算すると今へこんでいる時間がもったいない、といつからか思うようになりました。ポジティブとかそういうことではなく、もう少し合理的な気持ちですが(笑)。

"起こるかもしれない嫌なこと"への対処をやめて、"いいことが起こったらどうしよう！"と、いいことに準備することがその状況を連れてくることもあると思います。意識の方向を変えるだけで、自分がつくる日々を変えていけると確信しています。

Let go

＃07

結局は自分が設定した自分になる

・・・

「あなたなら絶対にできる」

　私がフリーで仕事をするかもしれないというタイミングで、可愛がってくれていた尊敬するスタイリストさんに相談に乗ってもらいました（大切なことは信頼できる人に相談して意見を聞きたいタイプ）。そのとき、私は自分に対して100パーセント自信があるわけではなく、だけど状況だけが先に整っていき、あとは自分が決断するだけ、みたいなところに立っていました。が、自分自身に確信を持てていなかったこともあり、覚悟ができていませんでした。

　そうしたら彼女は今の状況がどうとか、自分の気持ちはこうとか、そういう細かな説明は一切抜きで、私の目をまっすぐ見て「あっちゃん、あっちゃんなら絶対できる。人の前に出て、自分で仕事もできるよ。絶っ対できるから」。

　はっきり言って、圧倒されました。自分のモヤモヤした気持ちをドミノ倒しみたいに崩してくれる、エネルギーのある言葉でした。それは多分、その人が本心で言ってくれていたからです。人は、言葉を聞いていて、それがその人の本心なのかどうか、本能でわかると思うんです。

　私はゴニョゴニョしていたけれど、その人を目の前にして「この人は本心で言ってくれている。そして自分を信じてくれる人に、怖いから、とかそういう理由で『できません』って私、言えないな」と思い、腹が決まりました。

CHAPTER 6　　　　　　　　　　　　　　　　　　　　　　PERSONALITY

Don't dream it..., Be it.

　そのスタイリストさんは、お弟子さんが大きく育つことで有名な人でした。そうなる理由もわかりました。だって、信じてくれる人に応えたいって自然に思うはずだから。なんとなく自分を信じられなかった私を、その人が勢いで信じ込ませてくれた感じがしていて、今でも本当に感謝しているし、私も誰かが同じ場面のとき、そうありたいと思っています。今振り返ってみて思うのは、「できるのかどうか」「そういう人になれるのかどうか」って周りの人や条件が決めるんじゃなくて、最後に誰が決めているのかというと、やっぱり自分なんじゃないのか、ということ。

　自分のなかの設定が「私はそういうことができない人だ」となっていたらできないし、「自分はそれに値するんだ」と思ったら、知らないうちに周りを巻き込んできっとそうなる。私は運良く背中を押してくれる人がいてそれに気づくことができたけど、

結局、自分の設定した自分に
無意識に向かっていくんだと思うんです。

「人は、叶う可能性のあることしか心に描かない」

　これも、アーユルヴェーダの本で見つけた好きな言葉です。人の心の仕組みとして、「叶う可能性のあることしか心に描かない」と聞いたときに思ったのは、逆に言えば「心に描くことは叶う可能性がある」ということ。できるか、できないかはその想いを心に描いたときの現実的な状況とはあまり関係ない。思った時点で、叶う可能性を秘めている。本当にそう思えるようになりました。

EPILOGUE

「自分が持っている知識を、
人が触れることのできる"もの"にしたい」

・・・

　美容のコラムニストとして、SNSや雑誌、ウェブなどでコラムを書かせてもら
うなか、ふと湧いたちょっとした思いからこの本が生まれました。そして、誰に相
談すればいいのか、どんな風に進めればいいのかわからないまま、運良く編集の
岩谷さん（ミスターD）に出会い、制作中も、様々な方のご協力を得て自分が最
初に想定していたよりももっと大きく、様々な形で自分が今まで蓄えてきた美容
のかたちを表現させてもらうことができました。本当に感謝しています。

　本をつくりながら、制作に関わってくださるいろんな方と出会い、この本のサ
ブテーマにもなっている、「自然の流れに乗る」ということを自ら再体験するような、
不思議で濃密な時間を過ごしました。それはまるで、「#敦子スメ本をつくろう」
という小さな船に乗り、行方もわからないまま漕ぎ出したら、途中で仲間が相乗
りしてくれて進んでいくような感覚でした。
　船長として、緩やかな流れのときも、濁流も一緒に歩んでくれたミスターDにと
ても感謝しています。

　この本を手に取った方の暮らしが、タイトル通り「今よりもっと良くなる」こと
をイメージして、オーガニックコスメや、自然や、旅の力を借りてひとつの形にす

る時間はとても稀有で尊いものでした。制作期間のあいだ、「自分がやるべきことを今やっている」という静かな確信が胸の中心にあり、自分を支えてくれていました。

そして、この本をさらに楽しいものにする要素を加えてくれたサザビーリーグの平井さん、いつも支えてくれるPR福田恵理さん、素晴らしい才能で支えてくださったカメラマンの甲斐さん、デザインを担当してくださったマッシュルームデザインのみなさん、光文社スタジオのみなさん、ポッドキャストの発案をはじめ、なにからなにまで手伝ってくれたクレバーマナミ、撮影にご協力頂いたメーカーさん、もう書ききれないくらい御礼を伝えたい方がいますが、誰かひとりでも欠けていたら、この本はできていないし、また違うものになっていたんだろうと思います。本当にありがとうございます。

最後に、いつも#敦子スメを見てくださっているみなさん、この本を手に取ってくださった方に、改めて御礼を伝えたいです。
本当にありがとうございました。
みなさんの人生が、今よりもっと良いものになりますように。感謝を込めて。

福本敦子

SHOP LIST

arromic	072-728-5150
G-Place	03-3663-8745
JEWLINGE	0120-910-704
J-フロンティア・インベストメンツ	info_masyome@yahoo.co.jp
KOKOBUY	03-6696-3547
MiMC	03-6455-5165
SHIGETA Japan	0120-945-995
TAT	03-5428-3488
uka Tokyo Head Office	03-5778-9074
アディクション ビューティー	0120-586-683
アマラ	03-6804-2822
アムリターラ	0120-980-092
アリエルトレーディング	0120-201-790
アルテ ディヴィーノ	03-3588-7890
アルファネット	03-6427-8177
アンティーム オーガニック パリ	contact@intime-organique.fr
アンファー	0120-722-002
石澤研究所	0120-49-1430
イデアインターナショナル	03-5446-9530
インソーレ	03-6303-0638
ヴェレダ・ジャパン	0120-070-601
エッフェオーガニック	03-3261-2892
エンドカ	info@21sgp.com
おもちゃ箱	0120-070-868
貝印	0120-016-410
カラーズ	050-2018-2557
キャンドルウィック	03-6261-6057
クレンジングカフェ	03-6277-5336
コスメキッチン	03-5774-5565

Shop List

☎	サンルイ・インターナショナル	0120-550-626
☎	シービック	03-5414-0841
☎	ジャパン・オーガニック	0120-15-0529
☎	ジュリーク・ジャパン	0120-400-814
☎	シンシア・ガーデン	03-5775-7370
☎	スターティス	03-6721-1604
☎	スパークリングビューティー	06-6121-2314
☎	セブンデイズ	03-6452-6358
☎	セルヴォーク	03-3261-2892
☎	ソープトピア新宿フラッグス店	03-5315-4574
☎	たかくら新産業	0120-828-290
☎	テネリータ	03-6418-2457
☎	トリニティフォース	03-5789-8773
☎	ネイチャーズウェイ (チャントアチャーム)	0120-070-153
☎	ネイチャーズウェイ (ナチュラグラッセ)	0120-060-802
☎	ネイチャーワールド	03-6458-4550
☎	ハーモニティ	03-6875-3754
☎	ピーエス インターナショナル	03-5484-3483
☎	ピーバイ・イー	0120-666-877
☎	ピュビケア	03-6450-3434
☎	ファティマ	03-6804-6717
☎	フランシラ&フランツ	03-5843-0960
☎	プルナマインタ ナショナル	03-0455-4270
☎	マルクフ貨品	086-429-1551
☎	マルチニーク	03-5772-5770
☎	ラ・ブルケット	03-6434-7775
☎	レミオジャパン	042-810-0861
☎	結わえる	0297-63-5565

STAFF

Written by
福本敦子

Photographer
甲斐寛代
（STUH）
相澤琢磨

Art Direction
松浦周作
（Mashroom Design）

Design
石澤 縁、
田口ひかり、神尾瑠璃子
（Mashroom Design）

Produce
今泉祐二
岩谷 大

Special Thanks
福田恵理
織田真菜実
大塚悠貴
勝山遥水

福本 敦子

@uoza_26

コスメキッチンに14年間勤務後、2018年よりフリーPRに。
独特の切り口でオーガニックコスメを紹介する
「#敦子スメ」は20代、
30代の女性を中心に、世代を超えて「読んだ瞬間試したくなる」と言われ、
数多くの完売、欠品など反響を呼んでいる。
出産前、旅、ヨガ、デュエルブトの週間冷凍も、
きれいになるためだけじゃない、
人生を良くするための独自の美容論を
発信しているInstagram (@uoza_26) のフォロワーは3.5万人を誇る。

PROFILE

今より 全部 良くなりたい

運まで良くするオーガニック美容本

2019年11月10日　初版第1刷発行
2019年11月30日　　　第3刷発行

著者　　　　福本敦子

発行者　　　平山 宏

発行所　　　株式会社光文社
　　　　　　〒112-8011　文京区音羽1-16-6
　　　　　　JJ編集部　　　03-5395-8135
　　　　　　書籍販売部　　03-5395-8112
　　　　　　業務部　　　　03-5395-8125

印刷・製本所　大日本印刷株式会社

©ATSUKO FUKUMOTO 2019 Printed in Japan
ISBN978-4-334-95122-1

落丁本・乱丁本は業務部へご連絡くだされば、お取り替えいたします。

Ⓡ〈日本複製権センター委託出版物〉
本書の無断複写複製(コピー)は著作権法上での例外を除き禁じられています。
本書をコピーされる場合は、そのつど事前に、日本複製権センター(☎03-
3401-2382、e-mail: jrrc_info@jrrc.or.jp)の許諾を得てください。

本書の電子化は私的使用に限り、著作権法上認められています。ただし代行
業者等の第三者による電子データ化及び電子書籍化は、いかなる場合も認め
られておりません。